JN235865

ディジタル回路演習ノート

工学博士 浅 井 秀 樹 著

コロナ社

ま え が き

　昨今のディジタル技術の進歩は著しい。民生機器や通信分野をはじめとする劇的な発展は，ディジタル技術の進歩なしには考えられない。ディジタル技術の著しい発展は，20世紀を代表する文化にまで成長したといえる。ディジタル技術を支える大きな柱としてディジタル回路設計技術とその集積化技術が挙げられる。電気製品の小形化と高性能化はひとえに半導体集積回路技術の進歩によるものと言っても過言ではない。トランジスタが発明されてからわずか数十年の間に，IC (integrated circuit)，LSI (large scale integrated circuit) の時代を経て VLSI (very large scale integrated circuit)，ULSI (ultra large scale integrated circuit) と呼ばれる時代になった。また，IC 時代における少品種多量生産から ASIC (application specific integrated circuit) 時代の多品種少量生産へと形態が変遷してきた。その間，設計回路の大規模化に伴い，設計の効率化が焦点となり，CAD (computer-aided design) や EDA (electrical design automation) 分野が著しく発展し，最近では，HDL (hardware description language) や論理合成の重要さが叫ばれている。すでに，時代は，1チップ上に大規模なシステムを組み込む SoC (system on chip) 時代に突入している。

　一方，大学での講義用を含め，ディジタル論理回路に関する多くの書籍が出版されてきている。また，ディジタル回路をはじめて学習する工学部専門課程の学生に対応したよい入門書がたくさん書かれているのも事実である。事実，私自身もコロナ社出版の教材を使用しながら，10年間以上にわたりディジタル回路の講義を行ってきた。

　そこで，例題を詳細に解説することに重点を置いた大学課程に適した入門書が書けないだろうかという観点からこのテキストを執筆することにした。本テキストでは，演習ノートと題しているように，ディジタル論理回路の例題を多

数示し，その解説を通して論理回路の解析と設計（合成）の本質を理解してもらうことを目的としている。本書では，解説項目として，デバイスや論理回路の中身であるトランジスタレベルの内容については，その詳細を控え，論理に焦点を絞って述べている。これは，国内の多くの大学課程における半期十数コマという限られた時間内で，ディジタル回路の基本を繰返し学習することで確実に習熟してほしいという願いからである。また，近年のこの分野における技術革新は日進月歩である一方で，その基本的概念は一貫されており，かつ，大学学部課程等での入門者に対しては，できる限り普遍的な事項を学んでもらいたいという立場から内容を構成している。

　数多く出版されているディジタル回路に関するテキストの演習書としての使用はもちろんのこと，本書単独でのディジタル回路の学習書としての使用に耐えるよう考慮している。学生諸君のお役に立てば幸いである。

　最後に，本テキストを執筆する機会を与えてくださったコロナ社に深謝する。

2001 年 8 月

浅 井 秀 樹

目　次

1. 2 進 数

1.1　2 進データ ……………………………………………………………… *1*
1.2　2 進数，16 進数による表現 ………………………………………… *3*
1.3　2 進演算 ………………………………………………………………… *4*
　　1.3.1　2 進数の加算 …………………………………………………… *5*
　　1.3.2　2 の補数 ………………………………………………………… *7*
　　1.3.3　2 の補数を用いた減算 ………………………………………… *8*
　　1.3.4　1 の補数と減算 ………………………………………………… *10*
　　1.3.5　その他の 2 進演算 ……………………………………………… *13*

2. 論理演算とブール代数

2.1　論理関数 ………………………………………………………………… *16*
2.2　ブール代数 ……………………………………………………………… *18*
2.3　真理値表 ………………………………………………………………… *21*
2.4　ゲート回路と回路記号 ………………………………………………… *23*
2.5　加法標準形と乗法標準形 ……………………………………………… *24*
2.6　カルノー図とブール代数の簡単化 …………………………………… *29*
　　2.6.1　2 変数と 3 変数に対するカルノー図 ………………………… *30*
　　2.6.2　4 変数に対するカルノー図 …………………………………… *36*
　　2.6.3　5 変数に対するカルノー図 …………………………………… *37*
2.7　ゲート回路の構造 ……………………………………………………… *39*
　　2.7.1　トランジスタ …………………………………………………… *39*
　　2.7.2　MOS トランジスタによるインバータの構成 ……………… *41*
　　2.7.3　CMOS インバータ回路 ………………………………………… *41*

iv 目次

2.7.4 CMOS構成によるゲート回路 …………………………………… 42
2.7.5 CMOS構成による論理回路 …………………………………… 43

3. 組合せ回路

3.1 デコーダ ……………………………………………………………… 46
3.2 マルチプレクサとデマルチプレクサ ………………………………… 49
3.3 算術演算回路 ………………………………………………………… 53

4. ラッチとフリップフロップ

4.1 非同期式ラッチ回路の動作 …………………………………………… 59
4.2 同期式ラッチ回路の動作 ……………………………………………… 64
4.3 同期式ラッチの設計 …………………………………………………… 68
4.4 フリップフロップの構成 ……………………………………………… 73
 4.4.1 マスタスレーブ型フリップフロップ …………………………… 74
 4.4.2 エッジトリガ型フリップフロップ ……………………………… 75
4.5 フリップフロップの種類 ……………………………………………… 78
4.6 フリップフロップの相互変換 ………………………………………… 81

5. 順序回路の動作（解析）

5.1 カウンタ ……………………………………………………………… 86
5.2 シフトレジスタ ……………………………………………………… 91
5.3 リングカウンタ ……………………………………………………… 93
5.4 ジョンソンカウンタ ………………………………………………… 95

6. 順序回路の設計（合成）

6.1 カウンタの設計 ……………………………………………………… 98
6.2 シフトレジスタの設計 ……………………………………………… 105
6.3 リングカウンタの設計 ……………………………………………… 112

6.4 ジョンソンカウンタの設計 …………………………………… *115*
6.5 その他の設計例 ……………………………………………… *118*

7. 記 憶 回 路

7.1 リードオンリーメモリ ……………………………………… *121*
7.2 ランダムアクセスメモリ …………………………………… *128*

8. 総 合 演 習

索　　引 ………………………………………………………… *169*

1

2 進 数

　ディジタル回路では，すべての情報を1または0で表現する。最も簡単な例は，「ある」，「ない」である。例えば，「電球が点灯している」状態と「電球が消えている」状態を1と0に対応させることができる。この一つのことをビット（binary digit, bit）と呼ぶ。1ビットでは，1と0の二つのパターンしか表現できない。2ビットあれば，00，01，10，11というように$4(=2^2)$通りのパターンを表現することができる。ディジタル分野では，8ビットを1バイト（byte）と呼び，複数のバイトを一固まりに扱うことで情報を表現する。現在，世の中で主流となっている32ビットパーソナルコンピュータでは，4バイトを一固まり（これをワードと呼ぶ）としたデータ構造をとっている。本章では，ディジタル論理回路の分野での情報の基礎となる2進数および2進数を用いた算術演算について述べる。

1.1 2進データ

　ディジタル分野では，すべての情報を0と1で表現する。数字はもちろんのことアルファベットや様々な記号もすべて同様に表現する。そのための規格として JIS (Japanese Industrial Standard) や ASCII (American Standard Code for Information Interchange) がある。JIS 7ビット符号の例を**表1.1**に示す。

表1.1 JIS 7ビット符号 (JIS X 0201)

b7	0	0	0	0	1	1	1	1
b6	0	0	1	1	0	0	1	1
b5	0	1	0	1	0	1	0	1
列\行	0	1	2	3	4	5	6	7
0	NUL	DLE	SPACE	0	@	P	`	p
1	SOH	DC₁	!	1	A	Q	a	q
2	STX	DC₂	"	2	B	R	b	r
3	ETX	DC₃	#	3	C	S	c	s
4	EOT	DC₄	$	4	D	T	d	t
5	ENQ	NAK	%	5	E	U	e	u
6	ACK	SYN	&	6	F	V	f	v
7	BEL	ETB	'	7	G	W	g	w
8	BS	CAN	(	8	H	X	h	x
9	HT	EM	)	9	I	Y	i	y
10	LF	SUB	*	:	J	Z	j	z
11	VT	ESC	+	;	K	[	k	{
12	FF	FS	,	<	L	¥	l	|
13	CR	GS	-	=	M	]	m	}
14	SO	RS	.	>	N	^	n	‾
15	SI	US	/	?	O	_	o	DEL

b7	b6	b5	列\行	8	9	10	11	12	13	14	15
0	0	0	0	空白		間隔	—	タ	ミ		
0	0	1	1			。	ア	チ	ム		
0	1	0	2			「	イ	ツ	メ		
0	1	1	3			」	ウ	テ	モ		
1	0	0	4	機能符号未定義	機能符号未定義	、	エ	ト	ヤ	国字符号残余	国字符号残余
1	0	1	5			・	オ	ナ	ユ		
1	1	0	6			ヲ	カ	ニ	ヨ		
1	1	1	7			ァ	キ	ヌ	ラ		
0	0	0	8			ィ	ク	ネ	リ		
0	0	1	9			ゥ	ケ	ノ	ル		
0	1	0	10			ェ	コ	ハ	レ		
0	1	1	11			ォ	サ	ヒ	ロ		
1	0	0	12			ャ	シ	フ	ワ		
1	0	1	13			ュ	ス	ヘ	ン		
1	1	0	14	SO		ョ	セ	ホ	゛		
1	1	1	15	SI		ッ	ソ	マ	゜		抹消

1.2　2進数，16進数による表現

我々が日常的に使用している10進数 N_{d} は m を整数として

$$N_{\mathrm{d}} = d_0 \times 10^m + d_1 \times 10^{m-1} + \cdots + d_{m-1} \times 10^1 + d_m \times 10^0$$

と表現できる。ここで，係数 $d_i\,(i=0,1,\cdots,m)$ は，0から9までの整数値をとる。この10進数 N_{d} は，$(m+1)$ 桁の値であり，$d_0 d_1 \cdots d_{m-1} d_m$ と表記される。一方，2進数 N_{b} は

$$N_{\mathrm{b}} = b_0 \times 2^m + b_1 \times 2^{m-1} + \cdots + b_{m-1} \times 2^1 + b_m \times 2^0$$

と表現できる。2進数では，各桁の係数 b_i は，0または1の値をとる。この数は2進数として $(m+1)$ 桁であり，$b_0 b_1 \cdots b_{m-1} b_m$ と表記される。$(m+1)$ 桁の2進数により，10進数の0から $(2^{m+1}-1)$ までの整数を表現できる。

小数点以下の2進数も同様に表現することができ

$$N_{\mathrm{b}}' = b_{-1} \times 2^{-1} + b_{-2} \times 2^{-2} + b_{-3} \times 2^{-3} + \cdots$$

の形で表現できる。ここで，係数 b_{-i} は0または1の値をとる。

数を表現する場合，日常的には10進法（decimal system）が利用されている。ディジタル分野においては，2進法（binary system）のほかに8進法（octal system）や16進法（hexadecimal system）が利用される。特に2進法はディジタル回路の実装に便利であることから常用されている。

ここで，16進法についての簡単な説明をする。$h_0 h_1 \cdots h_{m-1} h_m$ と表記される $(m+1)$ 桁の16進数 N_{h} は

$$N_{\mathrm{h}} = h_0 \times 16^m + h_1 \times 16^{m-1} + \cdots + h_{m-1} \times 16^1 + h_m \times 16^0$$

と表現できる。16進数では，各桁の係数 h_i は，0から15までの値をとることになる。ただし，各桁の値は，一つの文字で表現するために，10から15までの数に対しては，A，B，C，D，E，F を対応させて表記する。

【例1.1】 10進数の185を2進数と16進数で表記せよ。

〚解答例〛

$$185 = 1 \times 2^7 + 0 \times 2^6 + 1 \times 2^5 + 1 \times 2^4 + 1 \times 2^3 + 0 \times 2^2 + 0 \times 2^1 + 1 \times 2^0$$

である。すなわち

$$b_0=1, \ b_1=0, \ b_2=1, \ b_3=1, \ b_4=1, \ b_5=0, \ b_6=0, \ b_7=1$$

である。したがって，10進数の185は，2進数で

$$b_0b_1b_2b_3b_4b_5b_6b_7=10111001$$

と表記される。一方

$$185=11\times 16^1+9\times 16^0$$

である。すなわち

$$h_0=11, \ h_1=9$$

である。16進法では，11をBで表現するから，結局，10進数の185は，16進数で

$$h_0h_1=B9$$

となる。

ここで，2進表現10111001と16進表現B9を比較する。2進数を下位から4ビットずつ区切って

$$1011 \mid 1001$$

と考えると，上位4ビットは10進で11，すなわち，16進でB，下位4ビットが16進で9となっていることが容易にわかる。10進数の11と9は，16進数のBと9に対応する。すなわち，2進数を下位から4ビットずつ区切って，それらを各々16進表現することで，16進数に変換することができる。

1.3　2進演算

ディジタルシステムにおける算術演算では，通常，2進数が用いられる。1ビットの計算は

$$0+0=0$$
$$0+1=1$$
$$1+0=1$$
$$1+1=10$$

の4通りしかなく，10進演算に比べて極めて簡単である。

通常，複数ビットの算術演算においては，あるビットに注目すると，下位ビットからの桁上げ（carry-in）と上位ビットへの桁上げ（carry-out）が発生する。また，算術演算に用いられる2進数では，最上位ビットが符号ビットとして扱われる。この符号ビットの値は，正の数であれば0，負の数（後述する補数）では1で表現する。

1.3.1　2進数の加算

【例1.2】　次の10進演算を2進演算で行え。
　　　5＋3＝8

〘解答例〙　ここでは，10進数を( )$_d$，2進数を( )$_b$と表現する。また，2進数は，最上位ビットを符号として符号込みで5ビットの形で表現することにする。

10進数の5と3は，それぞれ，2進数では
　　　$(5)_d = (00101)_b$
　　　$(3)_d = (00011)_b$

と表現できる。演算例の5と3は，共に正の数であるから，共に符号ビット（各2進数の最上位ビット）は0である。各ビットを次のように筆算の要領で計算する。

```
   0 0 1 0 1
+) 0 0 0 1 1
   0 1 0 0 0
```

最下位ビットは共に1であるから，$1+1=(2)_d=(10)_b$となり，和が0で，2ビット目に桁上げを生じることがわかる。2ビット目の計算では，各ビットの値が0と1であり，最下位ビットからの桁上げ1を考慮して，$0+1+1=(2)_d=(10)_b$となり，和が0で，3ビット目に桁上げが生じる。同様に計算を行うことにより，答えは，$(01000)_b=(8)_d$となり，正しい計算結果が得られる。このとき，最終結果の最上位ビットも0，すなわち演算結果が正であることに注意すべきである。

例1.1では，正しい答えが得られた。それでは，次の例を考える。

1．2 進 数

【例1.3】 次の10進演算を2進演算で行え。
$$9+7=16$$

この問題を例1.2と同様に行ってみる。

$$(9)_d = (01001)_b$$
$$(7)_d = (00111)_b$$

であるから

```
   0 1 0 0 1
+) 0 0 1 1 1
   1 0 0 0 0
```

となる。下位4ビットが数値を表し，最上位ビット（5ビット目）が符号を表している。9+7=16であり，演算結果は正となるはずであるから，この計算結果は，明らかに間違いである。結果の最上位ビット（符号ビット）は1であり，これは，計算結果が後述する補数表示（負の数）になっていることを意味する。この計算過程を注意深く見ると，数値ビットの最上位ビット（4ビット目）から符号ビット（5ビット目）への桁上げが発生していることがわかる。

　ディジタルシステムの計算では，何ビットで計算を行うかが非常に重要な意味をもつことになる。この例では，いわゆるオーバフロー（あふれ）が発生したことになる。それでは，どのように計算をすべきかについて考える。この計算を数値ビットとして5ビット用い，符号ビットを加えた計6ビットで行うことにする。

〚解答例〛

$$(9)_d = (001001)_b$$
$$(7)_d = (000111)_b$$

であるから

```
   0 0 1 0 0 1
+) 0 0 0 1 1 1
   0 1 0 0 0 0
```

となり，最終結果の符号ビットが0，数値ビットが$(10000)_b = (16)_d$となり，正解

+16 が得られた。

　符号込み 2 進数の計算では，最上位ビットが符号を示すが，数値ビットから符号ビットへの桁上げと符号ビットからの桁上げが同じときに正しい計算が行える。一方，数値ビットからの桁上げと符号ビットからの桁上げが一致しないとき，あふれが生じることになる。例 1.3 についてこのことを考える。符号込み 5 ビットの計算では，4 ビット目から 5 ビット目へ（数値の最上位ビットから符号ビットへ）の桁上げが 1 で，5 ビット目からの桁上げは 0 である。両者の桁上げが異なっていることであふれが生じていることが検出できる。一方，符号込み 6 ビットの計算では，5 ビット目から 6 ビット目への桁上げと 6 ビット目からの桁上げが共に 0 であり，したがって，あふれがない（正しい演算がなされる）ことを検出できる。

1.3.2　2 の 補 数

　2 進数の計算では，負の数を補数で表現する。減算は補数（負の数）を加えることにより実行される。2 進数で用いられる補数として 2 の補数 (two's complement) と 1 の補数 (one's complement) がある。

　次の例を通して，2 の補数について説明する。2 の補数は，元の 2 進数の各ビットの値を反転した後，1 を加えることによって得られる。

【例 1.4】　9 の 2 の補数を求めよ。

〚解答例〛　数値を表現するために 4 ビット，符号ビットとして 1 ビットを用意し，符号込みで 5 ビットの数値として考えると

$$(9)_d = (01001)_b$$

である。この数に対して，次の演算を施すことにより，2 の補数が得られる。

$$\begin{aligned}
2^5 - 9 &= (2^5 - 1) - 9 + 1 \\
&= (11111)_b - (01001)_b + 1
\end{aligned}$$

8 　　1．2 進数

$= (10110)_b + 1$

$= (10111)_b$

これで，-9 を表現する．上記の式変形の中で，3 行目から 4 行目を見ると，結果として，2 の補数は，与えられた 2 進数のすべてのビットを反転（0 なら 1 へ，1 なら 0 へ）し，その数に 1 を加えることによって得られる．すなわち，01001 の各ビットを反転することで 10110 を作り，1 を加えることで 10111 が得られる．この操作により，9 から -9（9 の 2 の補数表現）が得られる．-9 から 9 を作るときも，同様の操作を -9 に施すことにより容易に得られる．すなわち

$(-9)_d = (10111)_b$

であるから，この数の 2 の補数をとると

$(01000)_b + 1 = (01001)_b = 9$

が得られる．すなわち，$9 = (01001)_b$ の 2 の補数が $(10111)_b$ であることが理解できる．

1.3.3　2 の補数を用いた減算

補数を用いる利点は，負の数を補数を用いて表現することにより，補数を加算することで容易に減算を実行できるところにある．このとき重要なことは，常に符号ビット込みで計算が可能となることである．次の例を通して，2 の補数を用いた減算について説明する．

【例 1.5】　次の減算を 2 の補数を用いて行え．演算は符号込み 4 ビットで行え．

$7 - 5 = 2$

〖解答例〗

$7 = (0111)_b$

$5 = (0101)_b$

である．5 の 2 の補数は

$1010 + 1 = 1011$

である。7 と 5 の補数を符号込みで加算すると

```
   0 1 1 1
+) 1 0 1 1
 1 0 0 1 0
```

となる。計算結果を 4 ビットとして考える（計算の結果生じる 5 ビット目の値は無視する）と 0010 となり，最上位ビットの 0 が符号ビットであることから，計算結果は，+2 となり，正しい答え（10 進数で +2）が得られていることがわかる。1.3.1 項でも触れたように，この計算において，3 ビット目から 4 ビット目（数値の最上位ビットから符号ビット）への桁上げと 4 ビット目からの桁上げは共に 1 で等しいため，あふれは生じない。したがって，正しい演算が行われていることがわかる。ここで重要なことは，5 を引き算する場合，まず，5 の 2 の補数を求め，符号込みの加算のみで容易に正解が得られる点である。

【例 1.6】 次の減算を 2 の補数を用いて行え。
　　　　$5 - 7 = -2$

〚解答例〛

　　　$5 = (0101)_b$
　　　$7 = (0111)_b$

である。7 の 2 の補数は

　　　$1000 + 1 = 1001$

で得られる。5 に 7 の補数を符号込みで加算すると

```
   0 1 0 1
+) 1 0 0 1
   1 1 1 0
```

となる。最終結果 4 ビットの最上位ビットは符号ビットである。符号ビットが 1 であることは，結果が 2 の補数（負の数）になっていることを意味している。そこで，1110 の 2 の補数をとると

　　　$0001 + 1 = 0010 = 2$

となり，最終結果が +2 の 2 の補数（-2）であることが確認できる。

1.3.4 1の補数と減算

2進数の計算に対して2の補数のほかに1の補数がある。1の補数は，2進数のすべてのビットを反転することで得られる。2の補数と同様，1の補数を用いた減算が符号込みで行える。この場合，補数の作成に関しては，2の補数に比べると簡単であるが，例1.8で示すようにエンドアラウンドキャリーの操作が必要となる。

> **【例1.7】** 次の計算を1の補数を用いて行え。計算は符号込み4ビットで行うものとする。
>
> $$5-7=-2$$

〚解答例〛

$5=(0101)_b$

$7=(0111)_b$

である。7の1の補数はすべてのビットを反転して，1000である。したがって，5に7の1の補数を加えると

```
   0 1 0 1
+) 1 0 0 0
   1 1 0 1
```

が得られる。最上位ビットは符号ビットであり，したがって，計算結果は1の補数表示であることがわかる。1101の1の補数をとると0010となり，計算結果が+2の1の補数であること，すなわち計算結果が-2であることがわかる。

> **【例1.8】** 次の計算を1の補数を用いて行え。計算は符号込み5ビットで行え。
>
> $$9-5=4$$

〚解答例〛

$9=(01001)_b$

$5=(00101)_b$

である。5の1の補数は$(11010)_b$であり，9に5の1の補数を加えると

```
  0 1 0 0 1
+)1 1 0 1 0
─────────────
1 0 0 0 1 1
```

が得られる．1の補数を用いて計算する場合，符号ビットからのキャリーがあるときは，このキャリー1を最下位ビットに加える．これをエンドアラウンドキャリー (end-around carry) と呼ぶ．上記の計算においては

$$00011 + 1 = 00100$$

となり，結果が10進数で4となり，正しい計算ができていることが理解できる．

ここで，補数を用いないで計算することを考えてみる．日常の算術演算では，絶対値に符号を付けた数を用いている．例えば，$5-7$ を絶対値符号付きの数で行うことを考える．この場合，二つの数5と7のうち大きい数（ここでは7）から小さい数（ここでは5）を引く．結果の符号には，絶対値の大きい方の符号，すなわち－を用いる．その結果 -2 が得られる．この過程を補数計算と比べると，絶対値符号付きの数での演算では，二つの数の絶対値をとったり，二つの数の大小関係を求めたりすることが必要であることがわかる．すなわち，補数を用いた演算の方がその手順において単純であることが理解できる．

以上，2の補数や1の補数を用いた減算について説明してきた．我々が日常用いる10進法においても少し考え方を変えることで，補数の考えが使用できる．ここで，10の補数というものを考えてみる．例えば，2桁の10進数に1桁分の符号桁を付け加えて計算することを考える．

【例 1.9】 次の10進演算を10の補数を用いて行え．

$$76 - 52 = 24$$

〚**解答例**〛 52の10の補数は

$$10^3 - 52 = (10^3 - 1) - 52 + 1 = 999 - 52 + 1$$

で与えられる．すなわち，10の補数は

1. 2 進 数

```
   9 9 9
-) 0 5 2
   9 4 7
```

で 947 を得た後，この数に 1 を加えて，947＋1＝948 で与えられる。この過程を例 1.4 の 2 の補数を求める過程と比較してほしい。両者において，その考え方が同じであることが容易に理解できる。76 に 948 を加え

```
   0 7 6
+) 9 4 8
 1 0 2 4
```

が得られる。最終結果を符号桁込みで 3 桁と考える（2 の補数計算と同様に 4 桁目への桁上げは無視する）と，符号桁が 0，すなわち，解が正であることがわかり，結局，答えが ＋24 となっていることがわかる。

【例 1.10】 次の 10 進演算を 10 の補数を用いて行え。
$$52-76=-24$$

〖解答例〗 例 1.9 と同様に，3 桁目（最上位桁）を符号として，76 の 10 の補数を作る。

```
   9 9 9
-) 0 7 6
   9 2 3
```

が得られる。したがって，923＋1＝924 が 76 の 10 の補数となる。52 に 924 を加え

```
   0 5 2
+) 9 2 4
   9 7 6
```

が得られる。最終結果の 3 桁目（符号桁）が 9 であることから，結果が 10 の補数（負の数）であることがわかる。したがって，最終結果の 10 の補数をとり

$$999-976+1=24$$

より，結果が ＋24 の 10 の補数（−24）であることが確認できる。

2 進数に対しては，2 の補数と 1 の補数を考えた。10 進数に対しては，10 の

補数のほかにも9の補数が考えられる。9の補数を用いた10進数の減算を次の例を通して説明する。

> 【例1.11】 次の計算を9の補数を用いて行え。
> $$52-76=-24$$

〖解答例〗 9の補数は，10進数の各桁の値を9から引き算することで得られる。3桁目（最上位桁）を符号桁として，76の9の補数は

```
   9 9 9
-) 0 7 6
   9 2 3
```

で与えられる。52に76の9の補数を加え

```
   0 5 2
+) 9 2 3
   9 7 5
```

が得られる。最上位桁（3桁目）が9であることから結果が補数表現であることがわかる。そこで，結果の9の補数をとると

```
   9 9 9
-) 9 7 5
   0 2 4
```

となり，計算結果が+24の9の補数，すなわち−24であることがわかる。

1.3.5 その他の2進演算

算術演算には，加算，減算のほかに乗算と除算がある。2進数の乗除算についても10進数の計算と同様の手順で実行することができる。

> 【例1.12】 次の10進演算を2進演算で行え。
> $$6\times3=18$$

〖解答例〗 6の2進数表示は110，3の2進数表示は11である。筆算を用いて計算すると

14　　1. 2　進　数

```
        1 1 0
    ×     1 1
        1 1 0   …110×1 の計算結果
      1 1 0     …110×10 の計算結果
      1 0 0 1 0
```

となる。計算結果 10010 は，10 進数で 18 であり，6×3 の演算が正確になされている。この計算手順は 10 進演算と全く同様である。すなわち，乗数の 11 を 1 と 10 の和と考えた場合，110×1 の計算結果と 110×10 の計算結果の和を計算することによって解が求められる。

―― 補　足 ――
　例 1.12 の計算過程において，110×10 の計算結果は，見かけ上，被乗数 110 を 1 ビット左にシフトした数となっている。すなわち，2 進演算において，2 倍する（2 進数の 10 を掛ける）ことは，被乗数を 1 桁左にシフトすることに対応する。これは，10 進数の計算において，10 を掛けることが被乗数を 1 桁左にシフトする（結果として 10 倍する）ことに対応している。同様に，4 倍（2 進数の 100 を掛ける），8 倍（2 進数の 1000 を掛ける），…，2^k 倍することは，それぞれ左側に 2 ビット，3 ビット，…，k ビットシフトすることに対応する。

【例 1.13】　次の 10 進演算を 2 進演算で行え。
　　　　　12÷4＝3

〘解答例〙　この計算についても 10 進数の計算と同様に計算が可能である。12 は 2 進数で 1100，4 は 2 進数で 100 と表現できる。これを筆算の形式で計算すると

```
              1 1
       1 0 0 )1 1 0 0
              1 0 0
                1 0 0
                1 0 0
                    0
```

となり，結果が 11，すなわち 10 進数の 3 であることがわかる。
　あるいは，4 で割る代わりに 1/4 を掛けることを考えて，1/4 を 2 進数の小数点

0.01 とみなすことで同様の結果が得られる．すなわち，1100×0.01 を筆算形式で実行すると

$$
\begin{array}{r}
1100 \\
\times\,0.01 \\
\hline
11
\end{array}
$$

となり，計算結果が 10 進数の 3 であることがわかる．

補足

例 1.13 の計算を注意深く見ると，2 進演算で 0.01 を掛ける（10 進数で 1/4 倍する）ことが被乗数を右側に 2 桁シフトすることに対応していることがわかる．このように，2 進演算では，1/2 倍，1/4 倍，1/8 倍，…，$1/2^k$ することが被乗数を右側に 1 ビット，2 ビット，3 ビット，…，k ビットシフトすることに対応している．

2

論理演算とブール代数

　第1章では，2進数と2進数を用いた加減算について述べた。ディジタル回路の解析や設計を行う上で，2進データの扱いを効果的に考えるためには，基本論理演算を理解することが不可欠である。本章では，論理演算と論理関数についての取扱いについて述べる。次に，この論理関数の操作を自在に行うためのブール代数について説明する。さらに，論理関数を論理回路で実現するための準備として，加法標準形による表現やゲート回路の論理記号，そして，カルノー図の取扱いについて述べる。

2.1　論　理　関　数

　論理回路（logic circuit）の基本の一つに，組合せ回路（combinational circuit）と呼ばれるものがある。これは，入力の組合せ（複数ビット）により，出力値が一意に決定するものである。メモリ機能や帰還のない回路構成をとっており，順序回路（sequential circuit）と区別される。
　最も簡単な例として，2ビット入力1ビット出力の場合を考える。入力が2ビットであるから，2ビットの入力を(X_1, X_2)とすると，入力パターン(X_1, X_2)は$(0, 0)$, $(0, 1)$, $(1, 0)$, $(1, 1)$の4通りが考えられる。各入力パターンに対する1ビット出力は常に0か1の2種類あるから，$2^4=16$通りの入出力パターンが考えられる。2入力1出力回路のすべての入出力関係を**表2.1**に示す。このような，入出力関係を表す表を真理値表と呼ぶ。

2.1 論理関数

表 2.1 2入力1出力回路に関するすべての入出力関係

X_1	X_2	1	2	3	4	5	6	7	8	9	10	11	12	13	14	15	16
0	0	0	1	0	1	0	1	0	1	0	1	0	1	0	1	0	1
0	1	0	0	1	1	0	0	1	1	0	0	1	1	0	0	1	1
1	0	0	0	0	0	1	1	1	1	0	0	0	0	1	1	1	1
1	1	0	0	0	0	0	0	0	0	1	1	1	1	1	1	1	1

表 2.2 基本論理演算

X_1	X_2	AND	OR	NAND	NOR
0	0	0	0	1	1
0	1	0	1	1	0
1	0	0	1	1	0
1	1	1	1	0	0

特に，ディジタル論理回路で頻繁に用いられる論理演算に**表 2.2**のようなAND, OR, NAND, NOR がある。

これら四つの演算は，AND, OR, NAND, NOR の順に表 2.1 の 9, 15, 8, 2 に対応している。論理演算 AND は記号「・」で，また，OR は「＋」で表現する。また，上記四つの論理演算同様，頻繁に用いられる関数として 1 入力 1 出力の NOT（反転あるいは否定）があり，論理変数に「―」（バー）記号を添えて表現する。NAND とは，AND 演算の結果全体の反転であり，NOR とは，OR 演算の結果全体の反転である。したがって，上記の論理演算は，2 入力を X_1, X_2 として

X_1 と X_2 の AND $X_1 \cdot X_2$

X_1 と X_2 の OR $X_1 + X_2$

X_1 と X_2 の NAND $\overline{X_1 \cdot X_2}$

X_1 と X_2 の NOR $\overline{X_1 + X_2}$

X の NOT $\overline{X}$

のように記される。

AND, OR, NOT の基本演算だけですべての論理関数を合成することが可能である。このとき，{AND, OR, NOT} を完備集合（complete set）と呼ぶ。NAND や NOR は，各々それだけで完備集合となる。これらの関数を実

現するための基本回路をゲート回路 (gate circuit) と呼ぶ。

基本的には,すべての論理関数,したがって,すべての論理回路は完備集合を構成する基本論理回路があれば作ることができる。このことがディジタル回路の発展の一因となっている。つまり,少品種の論理回路を多量生産すれば,ユーザ(回路設計者達)は,それらを組み合わせてボード上に多様な機能を有するディジタルシステムを作ることが可能である。少品種多量生産は,生産者側にとっては非常に利益をもたらす。しかしながら最近では,従来ボード上に作られていた基板回路そのものを,一つの LSI (large scale integrated circuit) として生産する。したがって,多種の LSI を少量ずつ生産する必要性が生じている。ASIC (application specific integrated circuit) がそれである。特に,昨今のように,超大規模集積回路 (very large scale integrated circuit, VLSI) を設計する場合,コンピュータを利用した設計 (computer-aided design, CAD) が不可欠であり,生産技術の基礎として重要な位置を占めている。

2.2 ブール代数

2進演算を行う上で,ブール代数 (Boolean algebra)が非常に有効である。以下に,論理演算でよく用いられる律や公理を示す。

べき等律 (idempotent law)

$$\left.\begin{array}{l} X+X=X \\ X \cdot X=X \end{array}\right\} \tag{2.1}$$

交換律 (commutative law)

$$\left.\begin{array}{l} X+Y=Y+X \\ X \cdot Y=Y \cdot X \end{array}\right\} \tag{2.2}$$

結合律 (associative law)

$$\left.\begin{array}{l} (X+Y)+Z=X+(Y+Z) \\ (X \cdot Y) \cdot Z=X \cdot (Y \cdot Z) \end{array}\right\} \tag{2.3}$$

分配律（distributive law）

$$X + Y \cdot Z = (X + Y) \cdot (X + Z)$$
$$X \cdot (Y + Z) = X \cdot Y + X \cdot Z \tag{2.4}$$

また，次の公理が成立する。

$$1 + X = 1$$
$$0 \cdot X = 0$$
$$0 + X = X$$
$$1 \cdot X = X \tag{2.5}$$

また，次の律も成立する。

相補律（complementary law）

$$X + \bar{X} = 1$$
$$X \cdot \bar{X} = 0 \tag{2.6}$$

双対律（dualization law）

$$\overline{X \cdot Y} = \bar{X} + \bar{Y}$$
$$\overline{X + Y} = \bar{X} \cdot \bar{Y} \tag{2.7}$$

双対律は，ド・モルガンの定理（de Morgan's theorem）とも呼ばれる。

対合律（involution law）

$$\bar{\bar{X}} = X \tag{2.8}$$

双対性の原理（principle of duality）

$$G_1(\cdot, +, 0, 1, X_1, X_2, \cdots, X_n) = G_2(\cdot, +, 0, 1, X_1, X_2, \cdots, X_n)$$

ならば，両辺の関数において，・と＋を＋と・に置き換え，0と1を1と0に置き換えた論理式，すなわち

$$G_1(+, \cdot, 1, 0, X_1, X_2, \cdots, X_n) = G_2(+, \cdot, 1, 0, X_1, X_2, \cdots, X_n)$$

が成立する。

　上記の律や公理を用いることにより，論理関数の変形を自在に行うことができる。

【例2.1】 $(X+Y)\cdot(X+Z)=X+Y\cdot Z$ を証明せよ。

〚解答例〛 ここでは，ブール代数を用いて証明する。

$(X+Y)\cdot(X+Z)$

$=X\cdot X+X\cdot Z+Y\cdot X+Y\cdot Z$

$=X+X\cdot Z+Y\cdot X+Y\cdot Z$ （べき等律より）

$=X\cdot 1+X\cdot Z+Y\cdot X+Y\cdot Z$ （公理より）

$=X\cdot(1+Z+Y)+Y\cdot Z$ （分配律より）

$=X+Y\cdot Z$ （公理より）

よって，左辺＝右辺が証明された。

【例2.2】 吸収律 $X+X\cdot Y=X$ を証明せよ。

〚解答例〛

$X+X\cdot Y$

$=X\cdot 1+X\cdot Y$ （公理より）

$=X\cdot(1+Y)$ （分配律より）

$=X$ （公理より）

よって，左辺＝右辺が証明された。

【例2.3】 式(2.4)に示された二つの分配律が双対性の原理を満足していることを示せ。

〚解答例〛 双対性の原理は，任意の論理式において，ANDをORに，ORをANDに，また，0，1をそれぞれ1，0に置き換えた場合，その論理式も成立していることを意味している。

分配律において

$X\cdot(Y+Z)=X\cdot Y+X\cdot Z$

が成立するならば，ANDをORに，ORをANDに置き換えた

$X+(Y\cdot Z)=(X+Y)\cdot(X+Z)$

も成立する。

このことは，分配律の二つの式が互いに双対性の原理を満足していることを意味している。

2.3 真 理 値 表

論理関数やブール代数において，各論理変数は，0か1の2値しかとらない。ブール代数が与えられたとき，入力変数にすべてのパターン（0と1からなる）を代入した結果として得られる入出力の論理関係を表す表を真理値表 (truth table) と呼ぶ。

【例 2.4】 次のブール代数が与えられるとき，その真理値表を求めよ。
$$f(X, Y) = \bar{X} \cdot \bar{Y} + X \cdot Y$$

〚解答例〛 2変数 X, Y にすべての 0, 1 パターンを代入すると

$f(0, 0) = 1 \cdot 1 + 0 \cdot 0 = 1$

$f(0, 1) = 1 \cdot 0 + 0 \cdot 1 = 0$

$f(1, 0) = 0 \cdot 1 + 1 \cdot 0 = 0$

$f(1, 1) = 0 \cdot 0 + 1 \cdot 1 = 1$

が得られる。したがって，真理値表は**表 2.3** のようになる。

表 2.3 例 2.4 の真理値表

X	Y	$f(X, Y)$
0	0	1
0	1	0
1	0	0
1	1	1

この関数の真理値表は，二つの入力 X と Y が同じであるとき出力 $f(X, Y)$ が 1 となり，異なるとき 0 となることを表している。この関数のことを Ex-NOR (exclusive NOR) と呼び，これに対応する回路を一致回路と呼ぶ。

【例2.5】 次のブール代数を簡単化せよ。また，真理値表を求めよ。
$$f(X, Y) = \overline{\overline{X} \cdot \overline{Y} + X \cdot Y}$$

〚解答例〛

$f(X, Y)$
$= \overline{\overline{X} \cdot \overline{Y}} \cdot \overline{X \cdot Y}$ 　　　　　（ド・モルガンの定理より）
$= (X+Y) \cdot (\overline{X} + \overline{Y})$ 　　　　（　　〃　　）
$= X \cdot \overline{X} + X \cdot \overline{Y} + Y \cdot \overline{X} + Y \cdot \overline{Y}$ 　（分配律より）
$= 0 + X \cdot \overline{Y} + Y \cdot \overline{X} + 0$ 　　（相補律より）
$= X \cdot \overline{Y} + Y \cdot \overline{X}$

と簡単化できる。また，この関数の X と Y にすべての 0, 1 パターンを代入すると

$f(0, 0) = 0 \cdot 1 + 0 \cdot 1 = 0$
$f(0, 1) = 0 \cdot 0 + 1 \cdot 1 = 1$
$f(1, 0) = 1 \cdot 1 + 0 \cdot 0 = 1$
$f(1, 1) = 1 \cdot 0 + 1 \cdot 0 = 0$

となり，真理値表は，**表2.4** のようになる。

表2.4 例2.5の真理値表

X	Y	$f(X, Y)$
0	0	0
0	1	1
1	0	1
1	1	0

この真理値表から，入力 X と Y が異なるとき出力が 1 となることがわかる。これを排他的論理和（exclusive OR）と呼び，本書では，Ex-OR と記す。上記の例でわかるように Ex-OR と Ex-NOR は反転の関係にあり，これに対応する回路を不一致回路と呼ぶ。Ex-OR は，記号「⊕」で表現される。例えば，入力 X, Y の排他的論理和は $X \oplus Y$ で表される。

2.4 ゲート回路と回路記号

論理関数は，ディジタル回路に対応させることができる．ここでは，基本的な論理演算に対応するゲート回路の表記について述べる．

2.1節で示した2入力1出力の論理演算に対応するゲート回路の記号を**図2.1**に示す．

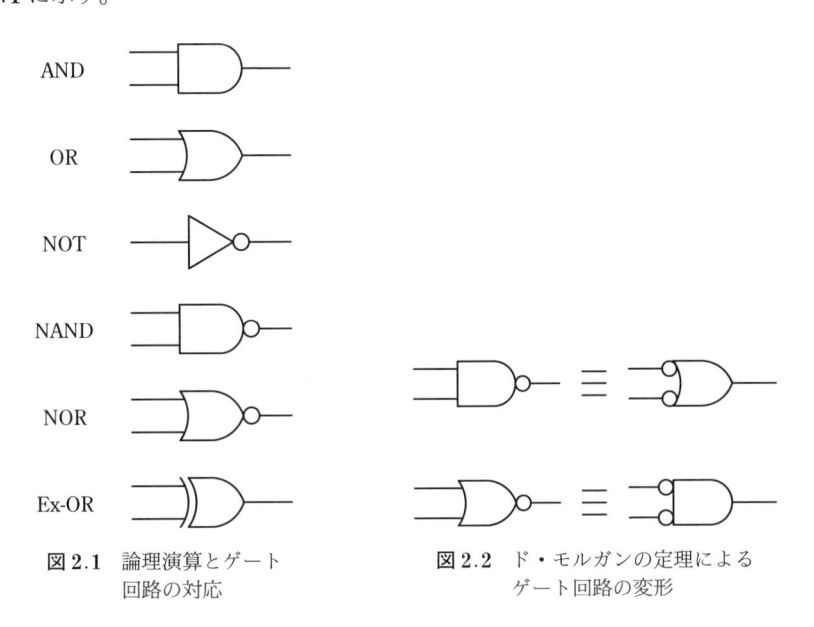

図2.1 論理演算とゲート回路の対応

図2.2 ド・モルガンの定理によるゲート回路の変形

ド・モルガンの定理に従えば，入力 X と Y の NAND と NOR は，それぞれ

$$\overline{X \cdot Y} = \bar{X} + \bar{Y}$$
$$\overline{X + Y} = \bar{X} \cdot \bar{Y}$$

であるから，これらに対応するゲート回路は，**図2.2**のように変形できる．

また，Ex-OR は

$$f = X \oplus Y = \bar{X} \cdot Y + X \cdot \bar{Y}$$

であることから，**図2.3**のように書ける．

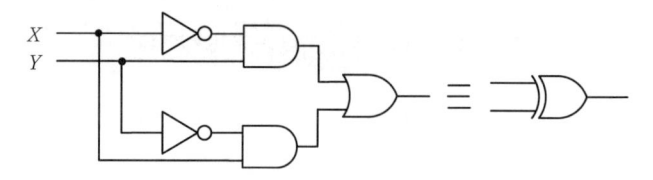

図 2.3 Ex-OR に対応する論理回路

> **補足**
>
> 論理 NOT（否定）の記号は，図 2.1 に示されている。NAND や NOR の記号は，AND，OR に「○」を付けて記される。すなわち，○が NOT を意味している。NOT の記号から「○」を除いた回路は，バッファ（buffer）と呼ばれており，入力 X に対して，出力 $f = X$ を示す。すなわち，入力＝出力である。一見，無意味に考えられるが，電気的な増幅作用や，入出力間の時間的な遅れなどを内包している。

2.5 加法標準形と乗法標準形

例 2.4 と例 2.5 において，ブール代数が与えられた場合，その関数の入力変数にすべての 1，0 パターンを代入して計算すれば真理値表が求められることがわかった。しかしながら，実際には，回路が与えられた後，その回路の動作を把握すること（論理回路の解析）より，与えられた回路の仕様を満足する論理関数を回路として実現すること（論理回路の合成，設計）が重要になることがしばしばである。組合せ回路の仕様（真理値表）が与えられた場合，その回路を設計するために，加法標準形が極めて有効である。論理関数 $G(X_1, X_2, \cdots, X_n)$ が与えられたとする。この関数を入力変数 X_1 について考える。

$X_1 = 1$ のとき，論理関数 G_1 を

$$G_1 = G(1, X_2, \cdots, X_n)$$

$X_1 = 0$ のとき，論理関数 G_0 を

$$G_0 = G(0, X_2, \cdots, X_n)$$

と定義する。このとき，元の関数 $G(X_1, X_2, \cdots, X_n)$ は

$$G(X_1, X_2, \cdots, X_n) = X_1 \cdot G_1 + \bar{X}_1 \cdot G_0$$
$$= X_1 \cdot G(1, X_2, \cdots, X_n) + \bar{X}_1 \cdot G(0, X_2, \cdots, X_n) \quad (2.9)$$

と書くことができる。例えば，$X_1 = 0$ であれば，式(2.9)は

$$G(X_1, X_2, \cdots, X_n) = G(0, X_2, \cdots, X_n)$$

となり，$X_1 = 1$ であれば

$$G(X_1, X_2, \cdots, X_n) = G(1, X_2, \cdots, X_n)$$

であることが容易に導け，式(2.9)が正しいことがわかる。式(2.9)の変形のことを X_1 について展開するという。

さらに，式(2.9)の右辺の各項について変数 X_2 について展開することを考える。変数 X_2 が 1 の場合と 0 の場合を考慮すると

$$G(1, X_2, \cdots, X_n) = X_2 \cdot G(1, 1, \cdots, X_n) + \bar{X}_2 \cdot G(1, 0, \cdots, X_n)$$
$$G(0, X_2, \cdots, X_n) = X_2 \cdot G(0, 1, \cdots, X_n) + \bar{X}_2 \cdot G(0, 0, \cdots, X_n)$$

が得られる。結果として，元の関数は

$$G(X_1, X_2, \cdots, X_n)$$
$$= X_1 \cdot X_2 \cdot G(1, 1, \cdots, X_n) + X_1 \cdot \bar{X}_2 \cdot G(1, 0, \cdots, X_n)$$
$$+ \bar{X}_1 \cdot X_2 \cdot G(0, 1, \cdots, X_n) + \bar{X}_1 \cdot \bar{X}_2 \cdot G(0, 0, \cdots, X_n)$$

と展開できる。同様に，すべての入力変数に関して展開すると元の関数は

$$G(X_1, X_2, \cdots, X_n)$$
$$= \bar{X}_1 \cdot \bar{X}_2 \cdot \cdots \bar{X}_n \cdot G(0, 0, \cdots, 0)$$
$$+ \bar{X}_1 \cdot \bar{X}_2 \cdot \cdots X_n \cdot G(0, 0, \cdots, 1)$$
$$\vdots$$
$$+ X_1 \cdot X_2 \cdot \cdots X_n \cdot G(1, 1, \cdots, 1) \quad (2.10)$$

となる。この形を加法標準形（disjunctive canonical form）と呼ぶ。

この加法標準形に双対性の原理を適用すると

$$G(X_1, X_2, \cdots, X_n)$$
$$= \{\bar{X}_1 + \bar{X}_2 + \cdots + \bar{X}_n + G(1, 1, \cdots, 1)\}$$
$$\cdot \{\bar{X}_1 + \bar{X}_2 + \cdots + X_n + G(1, 1, \cdots, 0)\}$$
$$\vdots$$

$$\cdot \{X_1 + X_2 + \cdots + X_n + G(0, 0, \cdots, 0)\} \tag{2.11}$$

なる関係が得られる。これを乗法標準形（conjunctive canonical form）と呼ぶ。

加法標準形を用いて，真理値表から論理式（論理回路）を合成することを考える。これを行う前に，次の例を考える。

【例 2.6】 Ex-OR の論理関数から真理値表を求めよ。

〖**解答例**〗 Ex-OR の論理関数は

$$G(X_1, X_2) = \bar{X}_1 \cdot X_2 + X_1 \cdot \bar{X}_2$$

であり

$G(0, 0) = 0$

$G(0, 1) = 1$

$G(1, 0) = 1$

$G(1, 1) = 0$

であるから，真理値表は**表 2.5** のようになる。

表 2.5

X_1	X_2	$G(X_1, X_2)$
0	0	0
0	1	1
1	0	1
1	1	0

【例 2.7】 論理関数 Ex-OR を加法標準形を用いて展開せよ。

〖**解答例**〗 式（2.10）に従えば

$$G(X_1, X_2) = X_1 \cdot X_2 \cdot G(1,1) + X_1 \cdot \bar{X}_2 \cdot G(1,0) + \bar{X}_1 \cdot X_2 \cdot G(0,1) + \bar{X}_1 \cdot \bar{X}_2 \cdot G(0,0)$$

と展開できる。ここで，例 2.6 より

$G(0, 0) = 0$

$G(0, 1) = 1$

$G(1, 0) = 1$

$G(1, 1) = 0$

であるから，これらの値を代入すれば $X_1 \cdot X_2 \cdot G(1,1)$ と $\bar{X}_1 \cdot \bar{X}_2 \cdot G(0,0)$ の項が消去され

$$G(X_1, X_2) = X_1 \cdot \bar{X}_2 \cdot G(1,0) + \bar{X}_1 \cdot X_2 \cdot G(0,1) = X_1 \cdot \bar{X}_2 + \bar{X}_1 \cdot X_2$$

と展開される。

上記の例を注意深く見ることで，次のことがわかる。展開された最終の論理関数の各項は，元の関数に入力変数（0または1）を代入したとき，その値が1となる場合に生成される。この値が0となる場合には，その項は消去され，最終の論理関数内にその項は存在しない。さらに，生成された各項について，以下のことが成り立つ。すなわち，入力変数が1であればその変数をそのまま，0であればNOT（バー）をとって入力変数の論理積を生成することで加法標準形が構成できる。

以上のことから，真理値表が与えられるとそれに対応する加法標準形の論理関数が以下の手順により，容易に求められる。

（1） 真理値表において，出力が1となる行の入力に注目する。
（2） 真理値表において，その出力が1となる行ごとに，入力変数の値が1の場合は入力変数そのままで，また，入力値が0の場合はその変数の否定をとる。
（3） 行ごとに入力変数の論理積（AND）をとる（1行に対して一つの論理項が定まる）。
（4） （2）と（3）の結果のすべての項の論理和（OR）をとる。

上記の手順を用いて真理値表からそれに対応する論理関数を求めることができる。

【例 2.8】 表 2.6 の真理値表を満足する論理関数を求めよ。ここで A, B, C は入力変数であり，f は出力である。

表 2.6 真理値表の例

A	B	C	f
0	0	0	0
0	0	1	0
0	1	0	1
0	1	1	0
1	0	0	0
1	0	1	0
1	1	0	0
1	1	1	1

〖解答例〗 出力 f が1となるのは，表中の3段目と8段目である。この二つの行に対して，入力値が1なら変数をそのまま，入力値が0なら変数の NOT をとりながら入力変数の論理積を作ると $\overline{A}B\overline{C}$ と ABC が得られる。これらの論理和をとることで，加法標準形

$$f = \overline{A}B\overline{C} + ABC$$

が求められる。これが真理値表を満足する論理関数である。

【例2.9】 表2.7の真理値表を満足する論理関数を求め，それを簡単化せよ。ここで，X, Y, Z は入力変数であり，f は出力である。

表2.7 真理値表の例

X	Y	Z	f
0	0	0	0
0	0	1	0
0	1	0	0
0	1	1	1
1	0	0	0
1	0	1	1
1	1	0	1
1	1	1	1

〖解答例〗 真理値表を満足する論理関数は，加法標準形を用いて容易に求めることができる。

真理値表の出力 f が1の行（4, 6, 7, 8行目）に注目すれば

$$f = \overline{X}YZ + X\overline{Y}Z + XY\overline{Z} + XYZ$$

が容易に導出できる。

次に，この関数を簡単化する。まず最初に，XYZ の項を2度加える（これがどういう意味であるかは，例2.15と例2.16で述べる）。与えられた関数に含まれる項を何度加えようが論理は同じであるから，次式が成立する。

$$f = \overline{X}YZ + X\overline{Y}Z + XY\overline{Z} + XYZ + XYZ + XYZ$$

右辺第1項と第4項を YZ でくくり，第2項と第5項を XZ でくくり，第3項と第6項を XY でくくる。その結果，相補律を用いながら，簡単化された関数が次のように求められる。

$$f = YZ(\bar{X}+X) + XZ(\bar{Y}+Y) + XY(\bar{Z}+Z)$$
$$= YZ + XZ + XY$$

以上のことを整理すると，以下のようにして組合せ回路の設計が行える。
（1） 真理値表（回路の動作仕様）が与えられる。
（2） 加法標準形を用いて，真理値表を満足する論理関数を合成する。
（3） ブール代数によって論理関数を簡単化する。
（4） 簡単化された論理関数から組合せ論理回路を求める。

ここで，改めて，ブール代数による式の簡単化の意義について考えてみよう。

式の簡単化は，ある意味で重要である。式を簡単化することは，それを構成する場合の基本ゲート回路数が少なくなることを意味する。例2.9の結果について考えると，加法標準形として得られた関数では，NOTが3個，3入力ANDが4個，4入力ORが1個必要となる。一方，簡単化された関数では，2入力ANDが3個と3入力ORが1個必要となる。

各ゲート回路の故障率が同じであれば，ゲート数が少ないほど回路全体としての故障率が低くなると考えられ，コストの削減と回路の信頼性の向上につながる。

一方，上記のような意義に付け加え，近年，設計の容易さや設計後の検証の容易さが重要になっており，これらの要因を総合的に考慮した上で論理設計が行われることになる。

2.6 カルノー図とブール代数の簡単化

本章において，これまで，論理関数の取扱い方法としてブール代数について説明してきた。本節では，カルノー図（Karnaugh map）を用いたブール代数の表現とその簡単化手法について述べる。

2.6.1 2変数と3変数に対するカルノー図

関数の簡単化に関して，論理的な隣接性が重要である．論理的な隣接とは，次のことを意味している．例えば，2変数 X, Y からなる関数において，$(X, Y) = (0, 0)$ と $(0, 1)$ では，X の値が同じで，Y のみが異なっている．同様に，例えば，3変数 X, Y, Z に対して，$(X, Y, Z) = (1, 0, 1)$ と $(0, 0, 1)$ では，Y, Z については同じで，X のみについて異なっている．1変数のみ異なるとき，論理的に隣接しているという．ブール代数を用いて論理関数を簡単化するとき，この論理的な隣接性の利用が有効となる．論理的に隣接している二つの項の論理和では，共通の変数についてくくれば，相補律を利用することで1変数減らすことができる．

上記3変数の例で考えると，$(1, 0, 1)$ は，論理項 $X\bar{Y}Z$ に対応し，$(0, 0, 1)$ は，$\bar{X}\bar{Y}Z$ に対応するから

$$X\bar{Y}Z + \bar{X}\bar{Y}Z$$
$$= (X + \bar{X})\bar{Y}Z$$
$$= \bar{Y}Z$$

であり，変数 X を消去すると共に論理関数を簡単化できる．

次の関数

$$f = \bar{X}\bar{Y}\bar{Z} + XY\bar{Z} + \bar{X}\bar{Y}Z + X\bar{Y}\bar{Z}$$

の簡単化について考える．例えば，右辺第1項と第3項を $\bar{X}\bar{Y}$ でくくり，第2項と第4項を $X\bar{Z}$ でくくると

$$f = \bar{X}\bar{Y}(\bar{Z} + Z) + X\bar{Z}(Y + \bar{Y})$$
$$= \bar{X}\bar{Y} + X\bar{Z}$$

と変形でき，相補律を用いて簡単化することができる．一方，第1項と第4項を $\bar{Y}\bar{Z}$ でくくってしまうと

$$f = \bar{Y}\bar{Z}(\bar{X} + X) + XY\bar{Z} + \bar{X}\bar{Y}Z$$
$$= \bar{Y}\bar{Z} + XY\bar{Z} + \bar{X}\bar{Y}Z$$

となり，この後の変形が難しくなる．

このことからわかるように，ブール代数上で式を簡単化することは，少々厄

2.6 カルノー図とブール代数の簡単化

介な場合がある。

式の簡単化を統一的に行う手段として，カルノー図の利用が便利である。カルノー図とその作り方を例を示しながら説明する。

【例 2.10】 2 変数からなる関数 $f = X \cdot Y$ をカルノー図上で表現せよ。

〚解答例〛 2 変数からなる場合は，図 2.4 のように，2×2 の升目を描く。二つの辺に変数 X と Y を割り当てる。左側の二つの升目を $\overline{X}$，右側の二つの升目を X に対応させる。また，上側の二つの升目を $\overline{Y}$，下側の二つの升目を Y に対応させる。したがって，$X \cdot Y$ は，X の領域であり，かつ Y の領域である部分で示される。結局，右下の升目（斜線部）が論理関数 $X \cdot Y$ を表す。

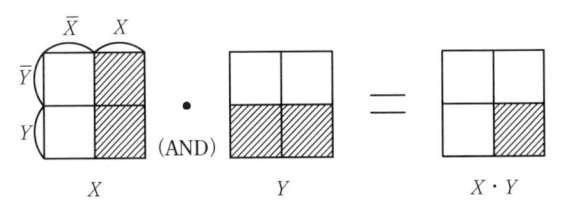

図 2.4 2 変数カルノー図による論理関数 $X \cdot Y$ の表現

【例 2.11】 2 変数からなる関数 $f = \overline{X} \cdot Y$ をカルノー図上で表現せよ。

〚解答例〛 例 2.10 と同様にして，$\overline{X} \cdot Y$ は，$\overline{X}$ の領域であり，かつ Y の領域である部分で示される。したがって，図 2.5 で示されるように，左下の升目が論理関数 $\overline{X} \cdot Y$ を表す。

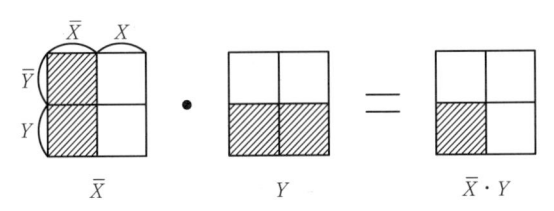

図 2.5 2 変数カルノー図による論理関数 $\overline{X} \cdot Y$ の表現

【例 2.12】 3 変数からなる関数 $f = XYZ + \bar{X}Y\bar{Z}$ をカルノー図上で表現せよ。

〚解答例〛 3 変数からなる場合は，図 2.6 のように，2×4 の升目を描く。図に示されるように，三つの辺に三つの変数 $(X, \bar{X}, Y, \bar{Y}, Z, \bar{Z})$ を割り当てる。X かつ Y かつ Z の領域，および，$\bar{X}$ かつ Y かつ $\bar{Z}$ である領域をそれぞれ選ぶと図中の斜線部のようになる。その結果，論理関数 $f = XYZ + \bar{X}Y\bar{Z}$ は，左上の升目と右下の升目を合わせた領域で表現される。

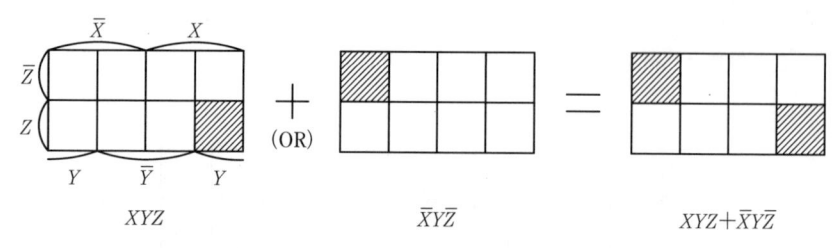

図 2.6 3 変数カルノー図による論理関数 $XYZ + \bar{X}Y\bar{Z}$ の表現

【例 2.13】 3 変数からなる関数 $f = XYZ + XY\bar{Z}$ をカルノー図上で表現し，論理関数を簡単化せよ。

〚解答例〛 例 2.12 と同様に，2×4 の升目を描く。XYZ は，X かつ Y かつ Z の領域であり，$XY\bar{Z}$ は，X かつ Y かつ $\bar{Z}$ の領域であるから，関数 f の示す領域は，図 2.7 の斜線部のようになる。さらに，斜線部全体は，カルノー図上で考えると，関数 XY にほかならない。すなわち，$f = XY$ と簡単化される。

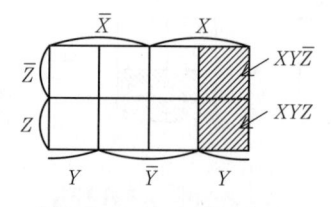

図 2.7 カルノー図を用いた論理関数の簡単化

2.6 カルノー図とブール代数の簡単化　33

カルノー図上で隣り合った升目は，論理的に隣接している。例2.13では，XYZ と $XY\bar{Z}$ は Z のみ論理が異なる。X と Y の論理に関しては，論理が一致しているので，これらの二つの項は論理的に隣接しており，カルノー図上でも隣接している。このとき，カルノー図を使うことによって，ブール代数の簡単化が容易に行える。例2.13で考えると，XYZ と $XY\bar{Z}$ のように論理が隣接している場合，次のように異なる変数以外の変数で関数をくくることができる。

$$f = XYZ + XY\bar{Z}$$
$$= XY(Z + \bar{Z})$$

ここで，（　）の中は，必ず $Z + \bar{Z} = 1$（相補律）であるから，結局

$$f = XY$$

となり，1変数（この場合は Z）を消去することができ，関数が簡単化される。

【例 2.14】　次の等式が正しいことをカルノー図を用いて示せ。
$$X + \bar{X}Y = X + Y$$

〚解答例〛　図2.8に左辺の関数 $X + \bar{X}Y$ を，図2.9に右辺の関数 $X + Y$ を示す。二つのカルノー図から，左辺＝右辺であることが容易に理解できる。

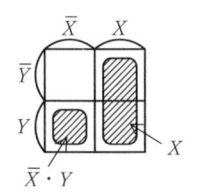

図2.8　2変数カルノー図上での関数 $X + \bar{X}Y$

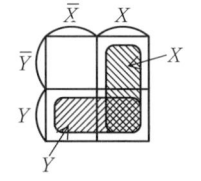

図2.9　2変数カルノー図上での関数 $X + Y$

【例 2.15】　次の関数を簡単化せよ。
$$f = \bar{X}YZ + X\bar{Y}Z + XY\bar{Z} + XYZ$$

〚解答例〛　元の関数に $2XYZ$ を加え（論理和）

$$f = \bar{X}YZ + X\bar{Y}Z + XY\bar{Z} + XYZ$$
$$= \bar{X}YZ + X\bar{Y}Z + XY\bar{Z} + XYZ + XYZ + XYZ$$

と変形する。もちろん，XYZ は元の関数に含まれているので，何度加えても論理的には元の論理と等価である。ここで，右辺第1項と第4項，第2項と第5項，第3項と第6項をそれぞれ一つの項にまとめると

$$f = YZ(\bar{X}+X) + XZ(\bar{Y}+Y) + XY(\bar{Z}+Z)$$
$$= YZ + XZ + XY$$

となる。すなわち，相補律を用いることにより，論理関数が簡単化される。

【例2.16】 例2.15の関数をカルノー図を用いて簡単化せよ。

〚解答例〛 論理関数の各項をカルノー図上に描くと図2.10のようになる。

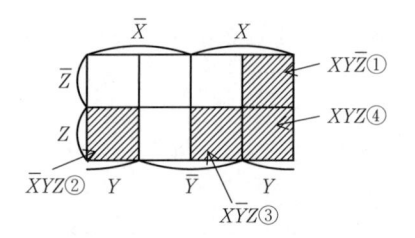

図2.10 3変数カルノー図上での関数
$f = XY\bar{Z} + \bar{X}YZ + X\bar{Y}Z + XYZ$

ここで，説明を容易にするために，$XY\bar{Z}$ を領域①，$\bar{X}YZ$ を②，$X\bar{Y}Z$ を③，XYZ を④とする。このとき，領域①と④，②と④，③と④は，それぞれ隣接しており

①+④$= XY\bar{Z} + XYZ = XY$

②+④$= \bar{X}YZ + XYZ = YZ$

③+④$= X\bar{Y}Z + XYZ = XZ$

であるから

$$f = XY + YZ + XZ$$

と簡単化できる。ブール代数の変形により求めた例2.15と比較する。例2.15では，与えられた関数内に XYZ の項が存在し，さらに，XYZ の項を2度加えることによ

り，都合よく簡単化された。カルノー図を用いた例では，ここで述べたように，カルノー図を見ながら，結局は，XYZ の項を3度使用している。これらのことは等価である。すなわち，カルノー図を用いることで，不自然さがなく，XYZ の項を元の関数に2度加えていることがわかる。

補　足

カルノー図上では，上下左右に隣接した升目は，論理的に隣接している。したがって，論理が異なる1変数以外の変数によりくくることができ，括弧でくくられた中が必ず相補律によって論理1になるため，括弧内の1変数が消去される。一般的に n 変数のカルノー図上で隣接した二つの升目は $(n-1)$ 変数の論理積の項となる。

【例 2.17】 次の関数を簡単化せよ。
$$f = XYZ + X\bar{Y}Z + \bar{X}\bar{Y}Z + \bar{X}YZ$$

〚解答例〛

$$\begin{aligned}
f &= XYZ + X\bar{Y}Z + \bar{X}\bar{Y}Z + \bar{X}YZ \\
&= XZ(Y+\bar{Y}) + \bar{X}Z(\bar{Y}+Y) \\
&= XZ + \bar{X}Z \\
&= (X+\bar{X})Z \\
&= Z
\end{aligned}$$

と簡単化できる。一方，3変数のカルノー図上では，**図 2.11** のように表現される。ここでは，斜線で示す代わりに，対応する升目に1を記入することにする。この領域は，全体を Z と $\bar{Z}$ に分けたときの Z に等しく，カルノー図上でも与えられた関数が $f = Z$ であることが容易にわかる。

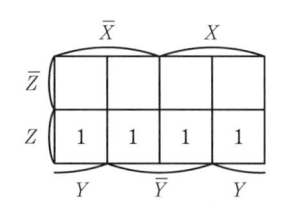

	$\bar{X}$		X	
$\bar{Z}$				
Z	1	1	1	1
	Y	$\bar{Y}$	Y	

図 2.11　3変数カルノー図上での関数
$f = XYZ + X\bar{Y}Z + \bar{X}\bar{Y}Z + \bar{X}YZ$

【例 2.18】 次の関数を簡単化せよ。
$$f = XYZ + XY\bar{Z} + X\bar{Y}Z + X\bar{Y}\bar{Z}$$

〖解答例〗
$$f = XYZ + XY\bar{Z} + X\bar{Y}Z + X\bar{Y}\bar{Z}$$
$$= XY(Z+\bar{Z}) + X\bar{Y}(Z+\bar{Z})$$
$$= XY + X\bar{Y}$$
$$= X(Y+\bar{Y})$$
$$= X$$

と簡単化できる。一方、カルノー図上では、図 2.12 のように表現できる。これからも $f = X$ であることが理解できる。

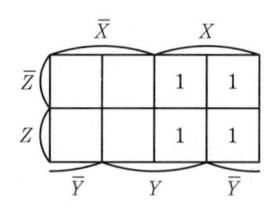

図 2.12　3 変数カルノー図上での関数
$f = XYZ + XY\bar{Z} + X\bar{Y}Z + X\bar{Y}\bar{Z}$

例 2.17 と例 2.18 からわかるように、四つの升目が横方向または正方形に連なっている場合には、2 変数分簡単化される。

2.6.2　4 変数に対するカルノー図

4 変数に関するカルノー図を考える。4 変数の場合、4×4 の升目を描き、各辺（外枠）に 1 変数ずつ割り当てることでカルノー図が作成される。

【例 2.19】 次の関数をカルノー図を用いて簡単化せよ。
$$f = WXYZ + \bar{W}XYZ + WX\bar{Y}Z + \bar{W}X\bar{Y}Z$$

〖解答例〗　4 変数カルノー図を図 2.13 に示す。関数 f の四つの項は、図の四つの升目（斜線部）に対応する。この領域は、X かつ Z で表すことができる。したがっ

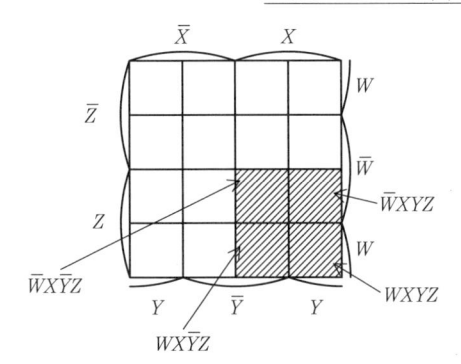

2.6 カルノー図とブール代数の簡単化

図 2.13 4 変数カルノー図による関数の簡単化

て，$f = XZ$ と簡単化できる．論理の隣接性に従って，カルノー図上のすべての論理 1 をカバーする最小のものを得ることを論理の最小化（ミニマルカバー，minimal cover）と呼ぶ．

この関数をブール代数的に扱って簡単化すると

$$f = WXYZ + \overline{W}XYZ + WX\overline{Y}Z + \overline{W}X\overline{Y}Z$$
$$= (W + \overline{W})XYZ + (W + \overline{W})X\overline{Y}Z$$
$$= XYZ + X\overline{Y}Z$$
$$= (Y + \overline{Y})XZ$$
$$= XZ$$

となる．カルノー図上での隣接性を用いれば，ミニマルカバーを探索することで，容易に

$$f = XZ$$

が求められる．例 2.18 と同様，四つの升目が連続して存在する場合，2 変数減らすことができる．

2.6.3 5 変数に対するカルノー図

5 変数のカルノー図を考える．5 変数のカルノー図は，4 変数のカルノー図を二つ用いる．それぞれのカルノー図においては，4 変数までのカルノー図同様に論理の隣接性が成立する．さらに，2 枚のカルノー図上で，同じ位置の升目どうしも論理的に隣接している．

【例 2.20】 図 2.14 のカルノー図で与えられる 5 変数 (A, B, C, D, E) の論理式を簡単化せよ。

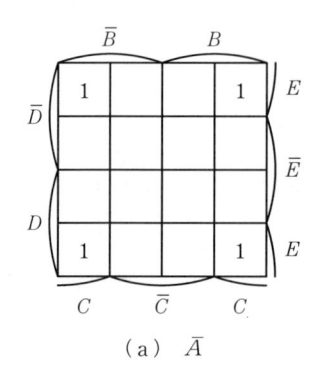

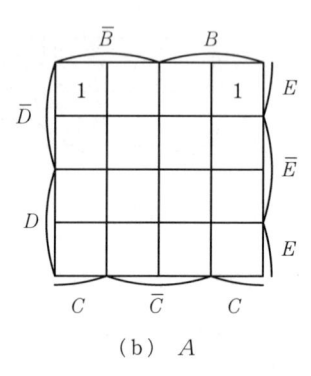

図 2.14 5 変数のカルノー図の例

〚**解答例**〛 この論理式 f は

$$f = \bar{A}\bar{B}C\bar{D}E + \bar{A}\bar{B}CDE + \bar{A}BC\bar{D}E + \bar{A}BCDE + A\bar{B}C\bar{D}E + ABC\bar{D}E$$

である。$\bar{A}$ 側のカルノー図 (a) では，論理 1 の四つの升目はすべて隣接していることに注意しなければならない。したがって，項 $\bar{A}CE$ が得られる。A 側のカルノー図 (b) には，二つの論理 1 があり，これらは互いに隣接している。さらに，(a)，(b) のカルノー図上の同じ位置も論理的に隣接していることから，$\bar{A}$ 側のカルノー図上の左上と右上の論理 1 が A 側の論理 1 と隣接していることに注目し，項 $C\bar{D}E$ が得られる。結果として

$$f = \bar{A}CE + C\bar{D}E$$

が導ける。これをブール代数で簡単化すると次のようになる。

$$\begin{aligned}
f &= \bar{A}\bar{B}C\bar{D}E + \bar{A}\bar{B}CDE + \bar{A}BC\bar{D}E + \bar{A}BCDE + A\bar{B}C\bar{D}E + ABC\bar{D}E \\
&= \bar{A}(\bar{B}C\bar{D}E + \bar{B}CDE + BC\bar{D}E + BCDE) + A(\bar{B}C\bar{D}E + BC\bar{D}E) \\
&= \bar{A}(C\bar{D}E + CDE) + AC\bar{D}E \\
&= 2\bar{A}C\bar{D}E + \bar{A}CDE + AC\bar{D}E \\
&= (\bar{A}C\bar{D}E + \bar{A}CDE) + (\bar{A}C\bar{D}E + AC\bar{D}E) \\
&= \bar{A}CE + C\bar{D}E \quad (= CE(\bar{A} + \bar{D}))
\end{aligned}$$

補　足

　6変数に対してもカルノー図を描くことができる。6変数のカルノー図では，4変数のカルノー図を4組用いる。この場合，4変数の各カルノー図内での扱いはこれまでの例と同じである。4枚のカルノー図間で，隣接したカルノー図の同じ位置の升目どうしも論理的に隣接していることに注意すれば，6変数からなる関数の簡単化が実現できる。

　以上述べてきたカルノー図を用いた論理関数の簡単化について以下のことがいえる。カルノー図上で隣接した二つの領域は，一つの項にまとめることができ，1変数少なくできる。同様に，隣接した4，8，16の領域も一つの項にまとめることができ，それぞれ，2，3，4変数少なくできる。

2.7　ゲート回路の構造

　本章では，これまで，基本的な論理関数やその複合関数およびブール代数による取扱いについて述べてきた。本節では，基本的なゲート回路の内部構造とその動作について述べる。本書では，まえがきでも述べたように，ディジタル回路の論理的扱いに焦点を当てており，ゲート回路の内部の詳細についての説明はなるべく控えるようにしている。ここでは，トランジスタの2値（ON，OFF）状態によってどのようにゲート回路が動作しているかについて簡単に触れる。

2.7.1　トランジスタ

　ゲート回路は，トランジスタ（transistor）と呼ばれるスイッチに類似した素子によって構成されている。一般的に，トランジスタに流れる電流は，電荷の移動によって生じる。電荷には，正の電荷と負の電荷がある。

　トランジスタには，正と負の両方の電荷の移動により動作するバイポーラトランジスタ（bipolar transistor）と正または負の一方の電荷の移動により動作するユニポーラトランジスタ（unipolar transistor）がある。ここでは，昨今のLSI設計で最もよく利用されているユニポーラトランジスタであるMOS (metal oxide semiconductor) トランジスタを基本とするゲート回路の構成とその動作原理について述べる。

MOSトランジスタには，電気を通すための電荷が正（正孔）であるpMOSトランジスタと負（電子）であるnMOSトランジスタがある。これらの内部構造については第7章で示される。nMOSトランジスタとpMOSトランジスタの記号を図2.15に示す。図中の矢印は電流の流れる方向を示している。

(a) nMOSトランジスタ　　(b) pMOSトランジスタ

図2.15　MOSトランジスタの記号

MOSトランジスタは3端子素子であり，それぞれ，ゲート（G），ドレーン（D），ソース（S）と呼ばれる。いずれのトランジスタにおいても電荷（正または負）はソースからドレーンの方向に移動する。nMOSトランジスタでは，負の電荷がソースからドレーンの方向に移動するため電流の向きはドレーン→ソースとなる。pMOSトランジスタでは，正の電荷がソースからドレーンに移動するため電流の向きもソース→ドレーンの方向となっている。

nMOSトランジスタの動作は以下のようである。ゲートGにハイレベルの電圧が与えられるとドレーン-ソース間にチャネル（channel）と呼ばれる負の電荷が通る経路が生成される。そのとき，ドレーン側をハイレベルにし，ソース側をローレベルにすることで負の電荷がソースからドレーンに移動する。すなわち，電流がドレーンからソースに向かって流れる。

一方，pMOSトランジスタの動作は以下のようである。ゲートGにローレベルの電圧が与えられるとソース-ドレーン間に正の電荷が移動できるチャネルが生成される。このとき，ソース側をハイレベルにし，ドレーン側をローレベルにすることで正の電荷がソースからドレーンに移動する。すなわち，電流がソースからドレーンに向かって流れる。

2.7.2 MOSトランジスタによるインバータの構成

nMOSトランジスタを用いたインバータの構成とその動作について述べる。図2.16にnMOSトランジスタによるインバータ回路を示す。

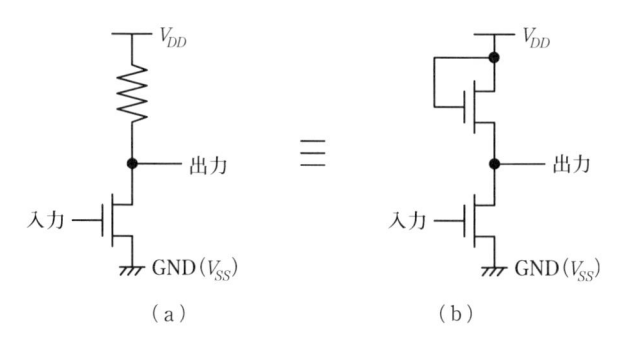

図2.16　nMOSトランジスタによるインバータ回路

(a)の回路は，抵抗とnMOSトランジスタにより構成されている。(b)の回路は，(a)の回路と等価である。すなわち，(b)において，電源V_{DD}側のMOSトランジスタはゲートとドレーンを結線することにより抵抗を形成しており，負荷MOSトランジスタ（load MOS transistor）と呼ばれる。接地側のトランジスタはスイッチの役割を果たしている。

この回路において，ゲート入力にハイレベルが与えられると接地側のトランジスタはON（D-S間に電流が流れる）状態となるため，V_{DD}から接地に電流が流れる。すなわち，出力は接地（ロー）レベルとなる。一方，ゲート入力としてローレベルが与えられると接地側のトランジスタはOFF（D-S間に電流が流れない）状態となるため，出力はV_{DD}に対応したハイレベルとなる。

以上より，この回路はインバータ回路として動作する。

2.7.3 CMOSインバータ回路

図2.17にCMOSインバータと呼ばれるNOT回路を示す。

この回路は，V_{DD}側がpMOSトランジスタ，接地側がnMOSトランジスタで構成されている。この回路において，入力にハイレベルが与えられると

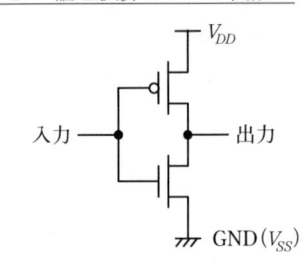

図 2.17　CMOS インバータ

　pMOS トランジスタは OFF 状態，nMOS トランジスタは ON 状態となるため，結果として出力はローレベルとなる．一方，入力にローレベルが与えられると pMOS トランジスタが ON 状態，nMOS トランジスタが OFF 状態となり，出力がハイレベルとなる．以上のことからこの回路はインバータ回路として動作することがわかる．

　この回路では，pMOS と nMOS が共に ON 状態になることはなく，互いの動作が補の関係になることから相補形（complemental）MOS，すなわち CMOS と呼ばれる．pMOS トランジスタと nMOS トランジスタは互いに相補的な動作をするために，V_{DD} と接地間が陽的に導通することはなく，したがって大きな電流は流れない．すなわち，消費電力が少ない回路構成となっている．

2.7.4　CMOS 構成によるゲート回路

　図 2.18 に CMOS NAND ゲート回路を示す．

　この回路において，例えば，入力 X_1 と X_2 を共にハイレベルとすると，二つの nMOS トランジスタは共に ON 状態，二つの pMOS トランジスタは共に OFF 状態となる．したがって，出力 Y は，接地（ロー）レベルとなる．入力 X_1，X_2 のうち少なくとも一方の入力がローレベルであれば，ローレベルを入力した nMOS トランジスタと pMOS トランジスタが，それぞれ OFF 状態と ON 状態になるため，結果として，出力 Y はハイ（電源）レベルとなる．

　以上のことから，$Y = \overline{X_1 X_2}$ の関係（NAND）が成立する．

図 2.18 CMOS NAND ゲート回路　　**図 2.19** CMOS NOR ゲート回路

一方，CMOS NOR ゲート回路は**図 2.19** のようになる。

この回路において，例えば，X_1 と X_2 を共にローレベルとすると，二つの nMOS トランジスタは共に OFF 状態，二つの pMOS トランジスタは共に ON 状態となる。したがって，出力 Y はハイレベルとなる。入力 X_1 と X_2 のうち少なくとも一方の入力がハイレベルであれば，ハイレベルを入力した nMOS トランジスタと pMOS トランジスタが，それぞれ，ON 状態と OFF 状態になるため，結果として出力はローレベルとなる。

以上のことから，$Y = \overline{X_1 + X_2}$ の関係（NOR）が構成される。

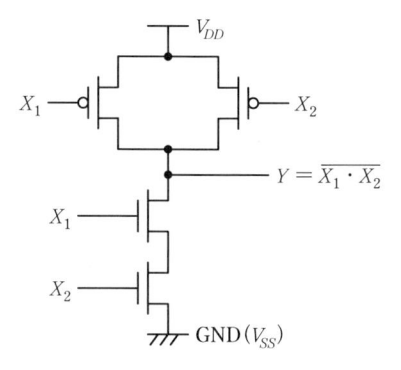

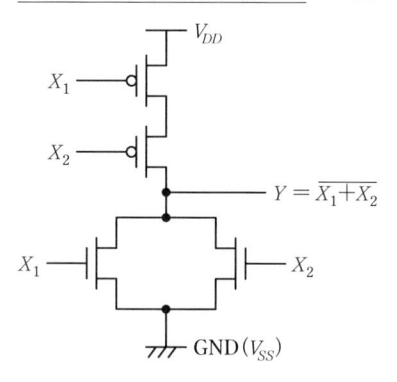

2.7.5　CMOS 構成による論理回路

これまでの CMOS によるゲート回路の構成は次のように考えることができる。まず，V_{DD}（電源）側に pMOS ブロック，接地側に nMOS ブロックが配置され，それらのブロックのつなぎ目から論理関数が出力される。出力論理関数 Y は，NAND や NOR の構成で見られるように，ある関数の「—」（NOT）の形で生成される。ここで，nMOS ブロックと pMOS ブロックは，互いに相補的に振る舞う。

【**例 2.21**】　関数 $Y = \overline{X_1 X_2 + X_3}$ を出力する回路を CMOS トランジスタにより構成せよ。

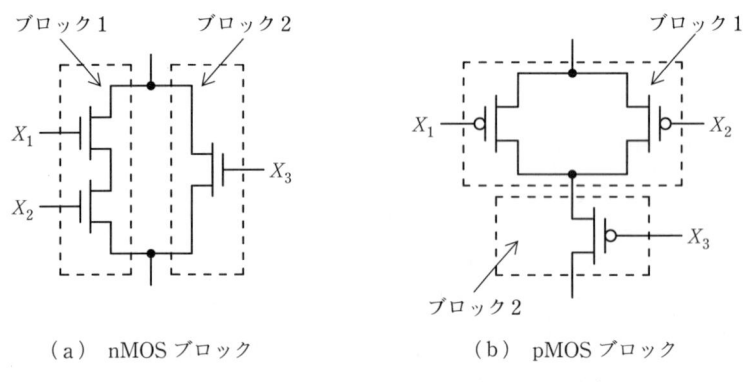

〖解答例〗 ここで図 2.20 のような nMOS ブロックと pMOS ブロックを考える。nMOS ブロックでは，トランジスタの直列接続が AND，並列接続が OR の役目を果たす。関数 X_1X_2 を構成するために入力 X_1 と X_2 に対応する nMOS トランジスタを直列に接続する。さらに，関数 $X_1X_2+X_3$ を構成するために，X_1 と X_2 からなるブロック 1 に X_3 に対応するトランジスタからなるブロック 2 を並列に接続する。

（a） nMOS ブロック　　　　　　（b） pMOS ブロック

図 2.20　nMOS ブロックと pMOS ブロックの構成

　pMOS ブロックでは，nMOS ブロックとは直・並列を逆にした接続を施す。すなわち，関数 X_1X_2 を構成するために入力 X_1 と X_2 に対応する pMOS トランジスタを並列に接続し，さらに，関数 $X_1X_2+X_3$ を構成するために，X_1 と X_2 からなるブロック 1 に X_3 に対応するトランジスタからなるブロック 2 を直列に接続する。

　以上の構成によって，nMOS ブロックは，$X_1X_2+X_3=1$ のとき ON 状態，$X_1X_2+X_3=0$ のとき OFF 状態となる。一方，pMOS ブロックは，$X_1X_2+X_3=1$ のとき OFF 状態，$X_1X_2+X_3=0$ のとき ON 状態となる。これら二つのブロックを直列に接続し，そのつなぎ目から出力 Y をとる。この回路を図 2.21 に示す。

　nMOS ブロックと pMOS ブロックは互いに相補的な論理を形成しているから，常にこれら二つのブロックの ON，OFF は互いに相補的である。すなわち，$X_1X_2+X_3=1$ のとき，nMOS ブロックは ON 状態，pMOS ブロックは OFF 状態であり，出力は接地（ロー）レベルとなり，一方，$X_1X_2+X_3=0$ のとき，nMOS ブロックは OFF 状態，pMOS ブロックは ON 状態であり，出力は V_{DD}（ハイ）レベルとなる。結果として，関数 $Y=\overline{X_1X_2+X_3}$ が生成される。

2.7 ゲート回路の構造

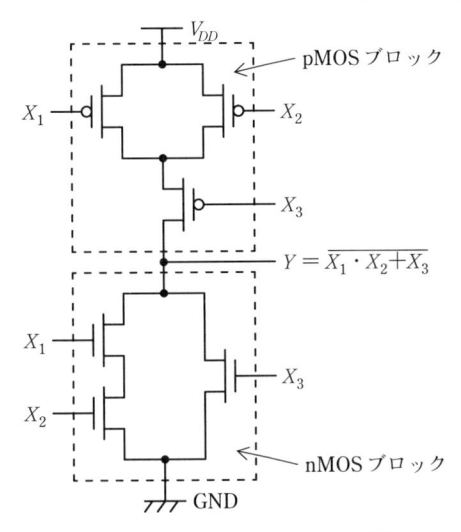

図 2.21 CMOS 回路による $Y = \overline{X_1 X_2 + X_3}$ の構成

3

組合せ回路

　第 2 章において，基本的な論理演算とそれらに対応するゲート回路記号，ブール代数とカルノー図を学び，さらに，組合せ回路の設計に関して，加法標準形が有効であることを知った。本章では，よく用いられる組合せ回路であるデコーダ，マルチプレクサ，さらに，2 進演算に必要となる加算器などを例として，具体的な設計について述べる。これらの設計を通して，加法標準形やブール代数についての取扱い方を説明する。

3.1 デコーダ

　組合せ回路の代表的なものにエンコーダ（encoder）とデコーダ（decoder）がある。コード化するものをエンコーダ，コード化されたデータを元に復元するものをデコーダという。デコーダおよびその設計を次の例を用いて説明する。

【例 3.1】　BCD-10 進デコーダを設計せよ。

〚解答例〛　BCD（binary coded decimal）は，2 進化 10 進とも呼ばれる。2 進数 4 桁（4 ビット）で 10 進数 1 桁分を表示する。4 ビット入力であるから，0 から 15 まで（2 進表現で 0000〜1111）を表現できるが，BCD では，0000〜1001（10 進数の 0〜9）の入力のみ使用することになる。BCD-10 進デコーダでは，出力側は 0〜9 に対応する 10 端子から構成されている。

3.1 デコーダ　47

　この例では，2進数4ビットの入力 (X_3, X_2, X_1, X_0) に対し，その10進数に対応する出力ビット $(Y_9, Y_8, Y_7, Y_6, Y_5, Y_4, Y_3, Y_2, Y_1, Y_0)$ が負論理で出力されるものとする。例えば，4ビットの入力が $(X_3, X_2, X_1, X_0)=(0,0,0,0)$ のときを考える。これは10進数の0を意味するから，負論理の出力であることを加味して，出力 Y_0 のみが0となり，他の出力 $Y_1 \sim Y_9$ がすべて1となる。他の入力 $(0,0,0,1)$ から $(1,0,0,1)$ までに対しても同様に考えると，このデコーダの真理値表は**表3.1**のようになる。

表3.1　BCD-10進デコーダの真理値表

X_3	X_2	X_1	X_0	Y_9	Y_8	Y_7	Y_6	Y_5	Y_4	Y_3	Y_2	Y_1	Y_0
0	0	0	0	1	1	1	1	1	1	1	1	1	0
0	0	0	1	1	1	1	1	1	1	1	1	0	1
0	0	1	0	1	1	1	1	1	1	1	0	1	1
0	0	1	1	1	1	1	1	1	1	0	1	1	1
0	1	0	0	1	1	1	1	1	0	1	1	1	1
0	1	0	1	1	1	1	1	0	1	1	1	1	1
0	1	1	0	1	1	1	0	1	1	1	1	1	1
0	1	1	1	1	1	0	1	1	1	1	1	1	1
1	0	0	0	1	0	1	1	1	1	1	1	1	1
1	0	0	1	0	1	1	1	1	1	1	1	1	1
1	0	1	0										
1	0	1	1										
1	1	0	0						ϕ				
1	1	0	1										
1	1	1	0										
1	1	1	1										

　BCD-10進デコーダでは，$(0,0,0,0)$ から $(1,0,0,1)$ までの入力に対しては，一意的に出力が定まる。また，基本的には，これら10通りの入力しか使用しない。しかしながら，4ビット入力であることを考えると，$(1,0,1,0)$ から $(1,1,1,1)$ まで，すなわち，10進数の10から15までの入力パターンもありうる。これら6種類の入力に対しては，出力を考える必要がない。すなわち，すべてのビットの出力は，0でも1でもどちらでもかまわない。この意味で，出力を ϕ (don't care) と記述する。

　ここで，出力 Y_0 の論理関数を考える。Y_0 に関する列を見ると，入力が $(X_3, X_2, X_1, X_0)=(0,0,0,0)$ の場合のみ出力が0で，その他の入力に対してはすべて1である。ϕ に対しては0または1の値をとるが，設計時に都合のよい方に考えればよい。この例では，加法標準形を利用する際に ϕ を1と見ることで設計が簡単化されるた

め，すべての ϕ を1と考えることにする．このようなとき，入力 $(0,0,0,0)$ で出力 1，他のすべての入力に対して出力 0 と考え，関数を構成し，その関数の NOT をとることで最終的な関数が得られる．結果として，出力側 Y_0 の論理関数は，加法標準形を用いて

$$Y_0 = \overline{\overline{X_0}\,\overline{X_1}\,\overline{X_2}\,\overline{X_3}}$$

となる．同様に

$$Y_1 = \overline{\overline{X_0}\,\overline{X_1}\,\overline{X_2}\,\overline{X_3}}$$
$$Y_2 = \overline{\overline{X_0}\,X_1\,\overline{X_2}\,\overline{X_3}}$$
$$Y_3 = \overline{\overline{X_0}\,X_1\,\overline{X_2}\,\overline{X_3}}$$
$$Y_4 = \overline{\overline{X_0}\,\overline{X_1}\,X_2\,\overline{X_3}}$$

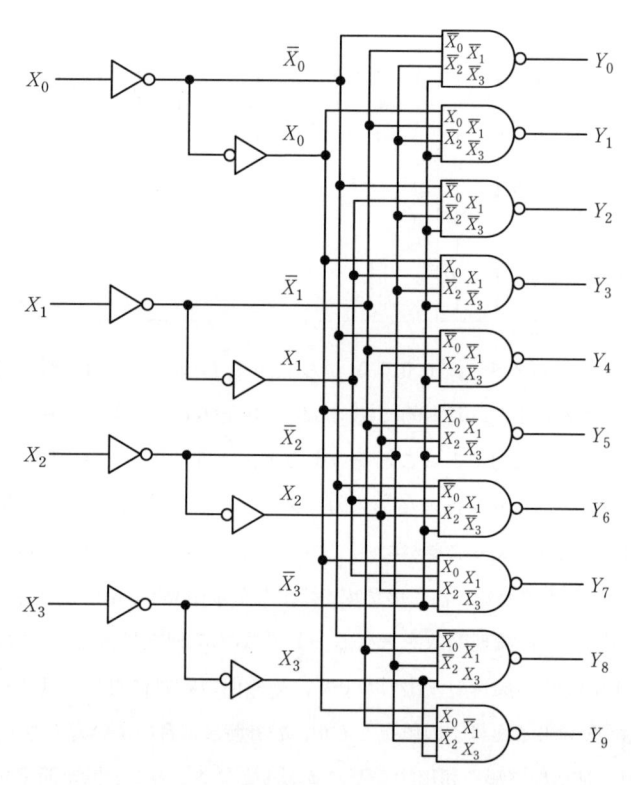

図 3.1　BCD-10 進デコーダ

$Y_5 = \overline{X_0 \overline{X_1} X_2 \overline{X_3}}$

$Y_6 = \overline{\overline{X_0} X_1 X_2 \overline{X_3}}$

$Y_7 = \overline{X_0 X_1 X_2 \overline{X_3}}$

$Y_8 = \overline{\overline{X_0} \overline{X_1} \overline{X_2} X_3}$

$Y_9 = \overline{X_0 \overline{X_1} \overline{X_2} X_3}$

となる。以上，$Y_0 \sim Y_9$ の論理関数を回路図で示すと**図3.1**のようになる。

3.2 マルチプレクサとデマルチプレクサ

多入力1出力の切換スイッチをマルチプレクサ（multiplexer）という。一方，1入力多出力の切換スイッチをデマルチプレクサ（demultiplexer）と呼ぶ。マルチプレクサやデマルチプレクサにおいて，入力や出力の端子を選択するために通常，何ビットかの選択信号が付加される。

【例3.2】 4入力1出力のマルチプレクサを設計せよ。

〖解答例〗 4入力1出力のマルチプレクサは，入力4ビットのうち選択信号で指定されたビットの入力を出力するものである。入力が4ビットであるから選択信号は2ビット (S_1, S_0) で構成できる。入力4ビットを (X_3, X_2, X_1, X_0) とし，選択信号が $(0, 0)$ で X_0 を，$(0, 1)$ で X_1 を，$(1, 0)$ で X_2 を，$(1, 1)$ で X_3 を出力する回路の真理値表を考える。例えば，$(S_1, S_0) = (0, 0)$ に対する真理値表は**表3.2**のようになる。ここで，Y_{00} は出力であり，$Y_{00} = X_0$ となっている。

$(S_1, S_0) = (0, 0)$ の場合の出力 Y_{00} の加法標準形を求めると

$$\begin{aligned}
Y_{00} &= \overline{S_1}\,\overline{S_0}\,\overline{X_3}\,\overline{X_2}\,\overline{X_1}\,X_0 + \overline{S_1}\,\overline{S_0}\,\overline{X_3}\,\overline{X_2}\,X_1\,X_0 \\
&\quad + \overline{S_1}\,\overline{S_0}\,\overline{X_3}\,X_2\,\overline{X_1}\,X_0 + \overline{S_1}\,\overline{S_0}\,\overline{X_3}\,X_2\,X_1\,X_0 \\
&\quad + \overline{S_1}\,\overline{S_0}\,X_3\,\overline{X_2}\,\overline{X_1}\,X_0 + \overline{S_1}\,\overline{S_0}\,X_3\,\overline{X_2}\,X_1\,X_0 \\
&\quad + \overline{S_1}\,\overline{S_0}\,X_3\,X_2\,\overline{X_1}\,X_0 + \overline{S_1}\,\overline{S_0}\,X_3\,X_2\,X_1\,X_0 \\
&= \overline{S_1}\,\overline{S_0}\,X_0(\overline{X_3}\,\overline{X_2}\,\overline{X_1} + \overline{X_3}\,\overline{X_2}\,X_1 + \overline{X_3}\,X_2\,\overline{X_1} + \overline{X_3}\,X_2\,X_1 \\
&\quad + X_3\,\overline{X_2}\,\overline{X_1} + X_3\,\overline{X_2}\,X_1 + X_3\,X_2\,\overline{X_1} + X_3\,X_2\,X_1)
\end{aligned}$$

表 3.2 4入力1出力マルチプレクサの $(S_1, S_0) = (0, 0)$ に対する真理値表

S_1	S_0	X_3	X_2	X_1	X_0	Y_{00}
0	0	0	0	0	0	0
0	0	0	0	0	1	1
0	0	0	0	1	0	0
0	0	0	0	1	1	1
0	0	0	1	0	0	0
0	0	0	1	0	1	1
0	0	0	1	1	0	0
0	0	0	1	1	1	1
0	0	1	0	0	0	0
0	0	1	0	0	1	1
0	0	1	0	1	0	0
0	0	1	0	1	1	1
0	0	1	1	0	0	0
0	0	1	1	0	1	1
0	0	1	1	1	0	0
0	0	1	1	1	1	1

$$= \bar{S}_1\bar{S}_0X_0(\bar{X}_3\bar{X}_2 + \bar{X}_3X_2 + X_3\bar{X}_2 + X_3X_2)$$

$$= \bar{S}_1\bar{S}_0X_0(\bar{X}_3 + X_3)$$

$$= \bar{S}_1\bar{S}_0X_0$$

となる。

同様に, $(S_1, S_0) = (0, 1)$ の場合, 出力を Y_{01} とすると, Y_{01} に関する真理値表は, 表3.2で $S_0 = 1$ と書き換え, Y_{00} を Y_{01} に変更し, $Y_{01} = X_1$ と修正することで容易に得られる。したがって, Y_{01} の関数は

$$Y_{01} = \bar{S}_1 S_0 X_1 (\bar{X}_3\bar{X}_2\bar{X}_0 + \bar{X}_3\bar{X}_2 X_0 + \bar{X}_3 X_2 \bar{X}_0 + \bar{X}_3 X_2 X_0$$
$$+ X_3\bar{X}_2\bar{X}_0 + X_3\bar{X}_2 X_0 + X_3 X_2 \bar{X}_0 + X_3 X_2 X_0)$$

$$= \bar{S}_1 S_0 X_1 (\bar{X}_3\bar{X}_2 + \bar{X}_3 X_2 + X_3 \bar{X}_2 + X_3 X_2)$$

$$= \bar{S}_1 S_0 X_1 (\bar{X}_3 + X_3)$$

$$= \bar{S}_1 S_0 X_1$$

となる。

$(S_1, S_0) = (1, 0)$ の場合の出力を Y_{10} とすると, Y_{10} に関する真理値表は, 表3.2で, $S_1 = 1$ と書き換え, Y_{00} を Y_{10} に変更し, $Y_{10} = X_2$ と修正することで容易に得られる。

したがって，Y_{10} の関数は

$$\begin{aligned}Y_{10}&=S_1\bar{S}_0X_2(\bar{X}_3\bar{X}_1\bar{X}_0+\bar{X}_3\bar{X}_1X_0+\bar{X}_3X_1\bar{X}_0+\bar{X}_3X_1X_0\\&\quad+X_3\bar{X}_1\bar{X}_0+X_3\bar{X}_1X_0+X_3X_1\bar{X}_0+X_3X_1X_0)\\&=S_1\bar{S}_0X_2(\bar{X}_3\bar{X}_1+\bar{X}_3X_1+X_3\bar{X}_1+X_3X_1)\\&=S_1\bar{S}_0X_2(\bar{X}_3+X_3)\\&=S_1\bar{S}_0X_2\end{aligned}$$

となる。

さらに，$(S_1, S_0)=(1, 1)$ の場合の出力を Y_{11} とすると，Y_{11} に関する真理値表は，表3.2で，$S_1=1$，$S_0=1$ と書き換え，Y_{00} を Y_{11} に変更し，$Y_{11}=X_3$ と修正することで得られる。したがって，Y_{11} の関数は

$$\begin{aligned}Y_{11}&=S_1S_0X_3(\bar{X}_2\bar{X}_1\bar{X}_0+\bar{X}_2\bar{X}_1X_0+\bar{X}_2X_1\bar{X}_0+\bar{X}_2X_1X_0\\&\quad+X_2\bar{X}_1\bar{X}_0+X_2\bar{X}_1X_0+X_2X_1\bar{X}_0+X_2X_1X_0)\\&=S_1S_0X_3(\bar{X}_2\bar{X}_1+\bar{X}_2X_1+X_2\bar{X}_1+X_2X_1)\\&=S_1S_0X_3(\bar{X}_2+X_2)\\&=S_1S_0X_3\end{aligned}$$

となる。したがって，4入力1出力マルチプレクサの出力 Y の論理関数は

$$\begin{aligned}Y&=Y_{00}+Y_{01}+Y_{10}+Y_{11}\\&=\bar{S}_1\bar{S}_0X_0+\bar{S}_1S_0X_1+S_1\bar{S}_0X_2+S_1S_0X_3\end{aligned}$$

となる。これより，**図3.2** の回路が導ける。

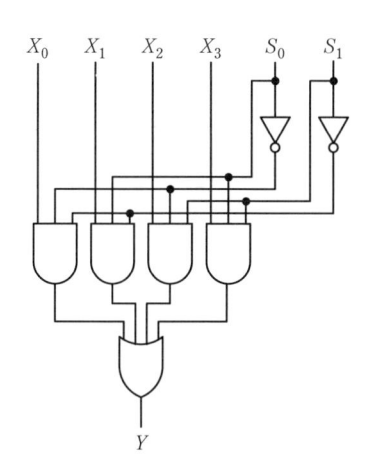

図3.2 4入力1出力マルチプレクサ

3. 組合せ回路

【例 3.3】 1入力 4出力のデマルチプレクサを設計せよ。

〚解答例〛 1入力 4出力のデマルチプレクサは，選択信号 2ビット (S_1, S_0) を用いて，出力 4ビット (Y_3, Y_2, Y_1, Y_0) のうちの一つを選び，入力の値をそのまま出力する。$(S_1, S_0)=(0, 0)$ のとき Y_0 へ，$(0, 1)$ のとき Y_1 へ，$(1, 0)$ のとき Y_2 へ，$(1, 1)$ のとき Y_3 へ出力するものとすると，その真理値表は，**表 3.3** のようになる。ここで X は入力である。例えば，$S_1=S_0=0$ の場合，$X=Y_0$ であり，Y_3, Y_2, Y_1 に関しては，0でも1でもどちらでもよいため ϕ となっている。

これをもとに，加法標準形を用いて出力関数を求める。例えば，Y_0 について，ϕ をすべて0とみなす（ϕ は0でも1でもよいため都合のよいように考える）と最も簡単な関数が得られる。

したがって，出力関数は，各ビットごとに

$Y_0 = \bar{S_1}\bar{S_0}X$

$Y_1 = \bar{S_1}S_0 X$

$Y_2 = S_1 \bar{S_0} X$

$Y_3 = S_1 S_0 X$

となる。これらより，1入力 4出力デマルチプレクサの回路は**図 3.3** のようになる。

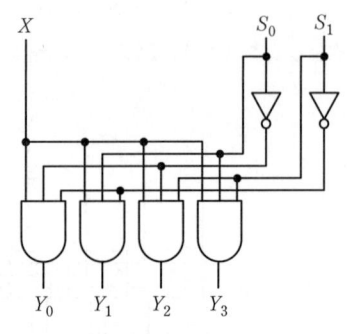

表 3.3 1入力 4出力デマルチプレクサの真理値表

S_1	S_0	X	Y_3	Y_2	Y_1	Y_0
0	0	0	ϕ	ϕ	ϕ	0
0	0	1	ϕ	ϕ	ϕ	1
0	1	0	ϕ	ϕ	0	ϕ
0	1	1	ϕ	ϕ	1	ϕ
1	0	0	ϕ	0	ϕ	ϕ
1	0	1	ϕ	1	ϕ	ϕ
1	1	0	0	ϕ	ϕ	ϕ
1	1	1	1	ϕ	ϕ	ϕ

図 3.3 1入力 4出力デマルチプレクサ

3.3 算術演算回路

2進数の加減算について第1章で述べた。ここでは，2進演算を実行するための論理回路の構成について考える。1ビットの加算器（adder）においては，下位ビットからの桁上げを考えない半加算器（half adder）と下位ビットからの桁上げを考慮した全加算器（full adder）がある。本節では，それらの加算器の設計と複数ビットの加減算への応用について述べる。

【例 3.4】 半加算器を設計せよ。

〚解答例〛 半加算とは，2進数1ビットどうしの加算で下位ビットからの桁上げがない加算である。したがって，半加算器の真理値表は表 3.4 のようになる。ここで，X, Y はそれぞれ1ビットの入力であり，S, C はそれぞれ和（sum）とキャリーアウトである。

表 3.4 に従って加法標準形を作ると

$S = \bar{X}Y + X\bar{Y}$

$C = XY$

となる。この回路は，図 3.4 のようになる。

表 3.4 半加算器の真理値表

X	Y	S	C
0	0	0	0
0	1	1	0
1	0	1	0
1	1	0	1

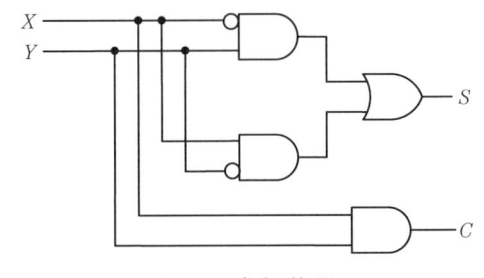

図 3.4 半加算器

【例 3.5】 1ビット全加算器を設計せよ。

〚解答例〛 入力信号を X, Y, 下位ビットからの桁上げ入力 carry-in を C_{in}, 上位ビットへの桁上げ出力 carry-out を C_{out}, 加算結果 sum を S とする。このとき，

表 3.5 1ビット全加算器の真理値表

X	Y	C_{in}	S	C_{out}
0	0	0	0	0
0	0	1	1	0
0	1	0	1	0
0	1	1	0	1
1	0	0	1	0
1	0	1	0	1
1	1	0	0	1
1	1	1	1	1

1ビット全加算器の真理値表は**表3.5**のようになる。

出力 S と C_{out} に関する関数を加法標準形により求めると

$$S = \bar{X}\bar{Y}C_{in} + \bar{X}Y\bar{C}_{in} + X\bar{Y}\bar{C}_{in} + XYC_{in}$$
$$= (\bar{X}\bar{Y} + XY)C_{in} + (\bar{X}Y + X\bar{Y})\bar{C}_{in}$$
$$= (\bar{X}Y + X\bar{Y}) \oplus C_{in}$$
$$= X \oplus Y \oplus C_{in}$$

$$C_{out} = \bar{X}YC_{in} + X\bar{Y}C_{in} + XY\bar{C}_{in} + XYC_{in}$$
$$= \bar{X}YC_{in} + X\bar{Y}C_{in} + XY\bar{C}_{in} + 3XYC_{in}$$
$$= (\bar{X} + X)YC_{in} + XC_{in}(\bar{Y} + Y) + XY(\bar{C}_{in} + C_{in})$$
$$= YC_{in} + XC_{in} + XY$$

となる。この論理関数から全加算器をゲートレベルで示すと**図3.5**(a)または(b)のようになる。通常,この回路を図(c)のようなシンボルで表す。

1ビット全加算器を複数個縦続接続することにより,複数ビットの2進数どうしの加算器を構成できる。このことについて,次の例と共に説明する。

【例3.6】 4ビットリプルキャリー型加算器の回路図を示せ。

〖解答例〗 1ビット全加算器を縦続接続することにより複数ビットの加算器が組合せ回路として構成できる。最下位ビットのみ下位ビットからの桁上げがないため,半加算器で構成できる。最下位ビットに対しても全加算器を用いる場合は,全加算器のキャリーイン C_{in} を0に固定する。各段のキャリーアウト C_{out} を次段の全加算

3.3 算術演算回路　55

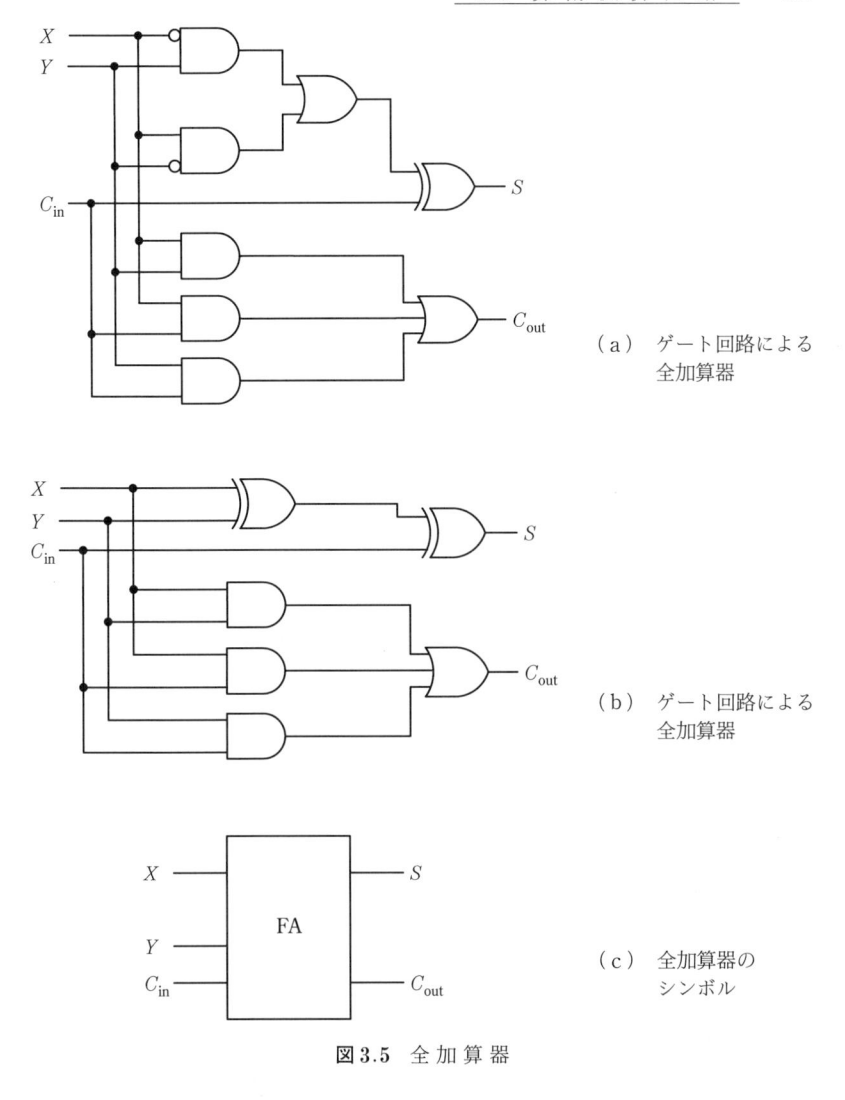

(a) ゲート回路による全加算器

(b) ゲート回路による全加算器

(c) 全加算器のシンボル

図 3.5　全 加 算 器

器のキャリーイン C_{in} に接続する。このような加算器のことをリプルキャリー型加算器という。図 3.5(c) に示した全加算器を用いて，4 ビットリプルキャリー型加算器は，図 3.6 のように構成することができる。二つの 4 ビット 2 進数 ($X_3X_2X_1X_0$) と ($Y_3Y_2Y_1Y_0$) を加算すると，4 ビット出力 ($S_3S_2S_1S_0$) と最上位ビットからのキャリーアウト（carry）が得られることになる。

56　3. 組合せ回路

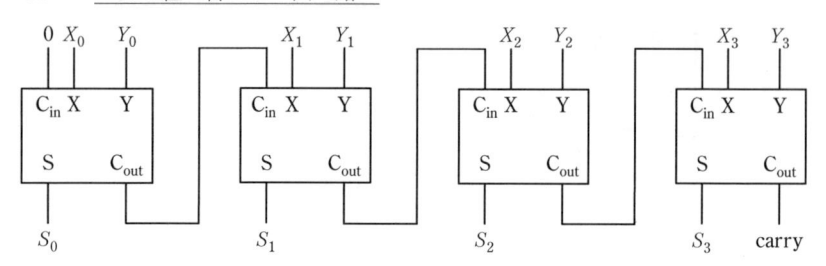

図3.6　4ビットリプルキャリー型加算器

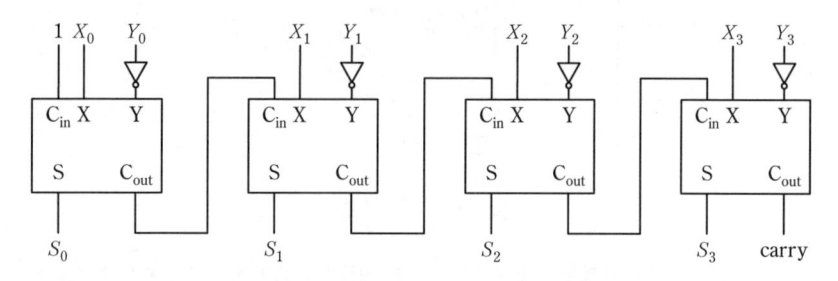

【例3.7】　2の補数を用いた4ビット減算器を設計せよ。

〖解答例〗　例3.6で考えた4ビット加算器を変形することによって2の補数を用いた減算器が構成できる。2の補数を用いた減算により $(X_3X_2X_1X_0)-(Y_3Y_2Y_1Y_0)$ を実行することを考える。二つの2進数 X, Y の減算 $X-Y$ は，$X+(\bar{Y}+1)$ により行えることは第1章ですでに述べた。ここで，$(\bar{Y}+1)$ が Y の2の補数である。2の補数を生成するには，引く側の数 Y のすべてのビットを反転し，1を加えればよい。各ビットを反転することは，Y 側の各入力端子の前にインバータを挿入することで実現できる。また，1を加えることは，リプルキャリー型加算器の1ビット目に1を加えること，すなわち1ビット目のキャリーイン C_{in} を強制的に1とすることにより達成できる。2の補数を用いた4ビット減算器の回路図を図3.7に示す。

図3.7　2の補数を用いた4ビット減算器

リプルキャリー型加算器では，下位ビットからの桁上げ信号が次段のキャリーイン C_{in} に入力されてはじめてそのビットの加算結果 sum とキャリーアウト C_{out} の値が決定される。回路には，入力信号が入力されてから出力信号が

出力されるまでの時間遅れが必ず存在する．したがって，ビット数が多くなればなるほど計算が完結するまでの時間が長くなる．このような問題を解決するためにキャリールックアヘッド（carry look ahead）型加算器がある．これについて，次の例と共に説明する．

【例 3.8】 キャリールックアヘッド型 4 ビット加算器の回路構成について述べよ．

〖**解答例**〗 例 3.6 に示されたリプルキャリー型加算器では，各ビットからの桁上げが上位ビットのキャリーイン C_{in} に入力されてから出力が決定されるため，ビット数が多くなればなるほど計算が完了するまでに多くの時間を要する．そこで，すべてのビットへのキャリーイン C_{in} への信号が同時に入力されるように回路を工夫する．キャリールックアヘッド型の $R+1$ ビット加算器の構成を図 3.8 に示す．

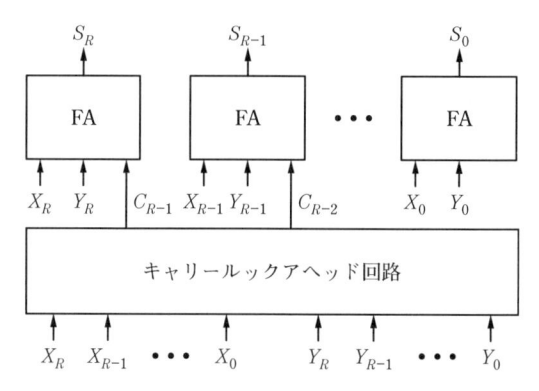

図 3.8 キャリールックアヘッド型加算器の構成

ここで，i ビット目の sum (S_i) とキャリーアウト (C_i) は

$$S_i = X_i \oplus Y_i \oplus C_{i-1}$$

$$C_i = X_i \cdot Y_i + (X_i + Y_i) C_{i-1}$$

で与えられる．C_{i-1} は i ビット目のキャリーインと定義できる．

$$X_i \cdot Y_i = Z_i$$

$$X_i + Y_i = P_i$$

とおくと

$$C_i = Z_i + P_i C_{i-1}$$
$$= Z_i + P_i(Z_{i-1} + P_{i-1}C_{i-2})$$
$$= Z_i + P_i Z_{i-1} + P_i P_{i-1}(Z_{i-2} + P_{i-2}C_{i-3})$$
$$\vdots$$

と展開できる．このことから，入力 X と Y が決まれば，すべてのビットにおけるキャリーインが決定されることになり，図3.8のキャリールックアヘッド回路が設計できる．この回路では，キャリールックアヘッド回路を通して，各ビットの全加算器に同時にキャリーインが入力されるため，リプルキャリー型加算器で生じるキャリーによる時間遅れが解消されることになる．

~~~~~~ 補　　足 ~~~~~~
　本章において，算術演算の基本となる加算器と減算器について述べた．その中で，これらの回路が組合せ回路として構成できることを示した．第1章でも触れたように算術演算にはこれらのほかに乗算や除算がある．すなわち，乗算器や除算器が加減算器のように簡単に構成できるかという疑問がわいてくる．例えば，乗算について，例1.12を再度見ていただきたい．乗算では，被乗数に対して乗数の各桁ごとの乗算を行い，これらをすべて加算することで解が得られる．また，乗算を実行するためには，各桁の乗算を行った後，数値のシフト操作が必要となる．これらの操作を繰り返すことで複数ビットどうしの乗算が実現できる．すなわち，乗算は，複数の基本的操作（ここでは，各桁の乗算，シフト操作，加算操作）を複合的に実行することで実現される．これを実現するためには，順序回路の章で述べるシフトレジスタが必要となるばかりでなく，各基本操作の順序を制御するための制御回路（この回路自身も順序回路として構成される）が必要となる．

4

ラッチとフリップフロップ

　第3章では，組合せ回路の設計方法について述べた。ディジタル論理回路には，組合せ回路に対して順序回路と呼ばれるクラスがある。順序回路には，組合せ回路と異なり，回路の出力側から入力側への帰還回路が存在する。また，記憶回路が内在することも組合せ回路との大きな違いである。

　組合せ回路は入力パターンが決定すると出力パターンが一意的に決まるのに対し，順序回路では，入力パターンと現在の出力状態（記憶状態）により次の出力が決定される。本章では，順序回路の基礎となるフリップフロップ（flip-flop, FF）と呼ばれる記憶回路および FF の基礎となるラッチ（latch）回路について述べる。

4.1　非同期式ラッチ回路の動作

　順序回路は，一般的に図 4.1 のような構造をもつ。順序回路の最も簡単なものとしてラッチ回路や FF がある。

　本書では，FF とラッチを明確に区別している。後述するが，レーシング（racing）現象が生じる回路をラッチ回路，生じない回路を FF と定義する。

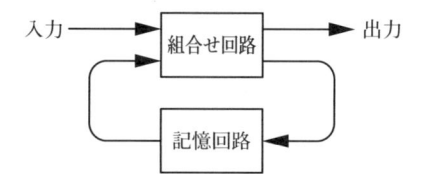

図 4.1　順序回路の構成

実用的な順序回路では，FF が回路構成の基本となるが，本節では，FF の基礎となるラッチ回路について述べる。

ラッチ回路は，非同期式と同期式に分けることができるが，まず最初，非同期式ラッチについての説明を行う。

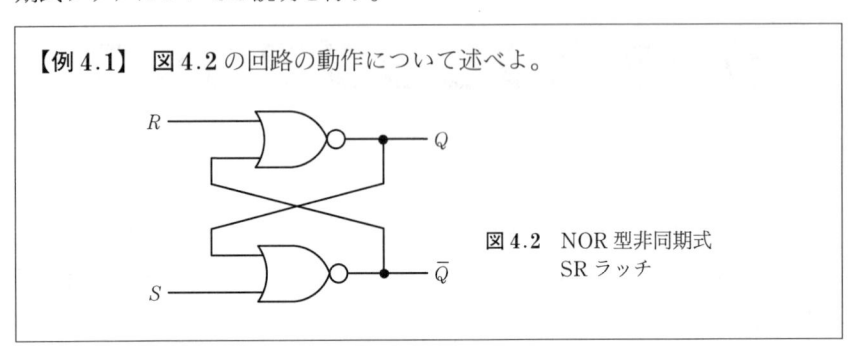

【例 4.1】 図 4.2 の回路の動作について述べよ。

図 4.2 NOR 型非同期式 SR ラッチ

〚解答例〛 記述において，電圧のハイレベルを H，ローレベルを L と記す。この回路は，NOR 回路をたすき掛けのように結線しており，NOR 型非同期式 SR ラッチと呼ばれている。ここで，SR は，セット（set），リセット（reset）の意味である。ラッチは，記憶回路として最も簡単な回路である。

まず，入力端子 S（セット），R（リセット）が共に $L(=0)$ である場合を考える。出力 Q の値を X（L または H）とする。入力 S の値は 0 であるから，このとき，$\bar{Q}$ は，$\bar{Q}=\overline{X+S}=\overline{X+0}=\bar{X}$ となる。すなわち，$Q=X$，$\bar{Q}=\bar{X}$ であるような記憶ループが構成される。X が H か L かは未定義である。ここで，この X の値を制御することを考える。

$R=L$ のままで $S=H$ とすると，$\bar{Q}=\overline{X+1}=\bar{1}=0$ なので $\bar{Q}=L$，$Q=H$ となる。このことを「出力 Q をセットする」という。ここで，$S=L$ に戻すことを考える。いま，$Q=H$ であるから，$S=L$ とすると $\bar{Q}=L$，したがって $Q=H$ となる。このことは，S 端子をいったん H にして出力を $Q=H$，$\bar{Q}=L$ に制御すると，その後，S 端子を L に戻しても Q，$\bar{Q}$ は，S 端子を L にする前の状態を保持し続けることを意味している。これを記憶と呼ぶ。

一方，$S=L$，$R=L$ の状態から，$R=H$（S は L のまま）に変更することを考える。$R=H$ であるから $Q=L$，したがって $\bar{Q}=H$ となる。$R=H$ のとき $Q=L$ とな

ることをリセットと呼ぶ。再びR端子をLに戻す場合を考える。いま，$\overline{Q}$はHであるから，$Q=L$，$\overline{Q}=H$のままである。

以上のことから，$S=R=L$の状態から，S，R端子の一方を一度Hに変えた後，元に戻すという操作，すなわちS端子やR端子に正のパルスを入力することにより，出力端子Q，$\overline{Q}$の出力状態を制御する（記憶状態を制御する）ことが可能である。$S=L$，$R=L$の場合は，ある出力の記憶状態を構成している。この回路は，出力$Q(\overline{Q})$の値を1か0（HかL）に制御するためのものであり，セット，リセット，記憶の3種類の動作を行う。原則として，$S=H$，$R=H$は禁止されている。

【例4.2】 NOR型非同期式SRラッチの動作をタイムチャートで示せ。

〖解答例〗 例4.1の内容をタイムチャートで表すと図4.3のようになる。すなわち，S端子がHとなった時点で出力QがH（セット）となり，R端子がHとなった時点で出力QがL（リセット）となる。一度セットされると，S端子がLとなった後もR端子がHとなるまで出力$Q=H$の状態が記憶される。NOR型非同期式SRラッチを動作させる場合，セット信号とリセット信号のHの部分を同時に入力しないことが重要である。

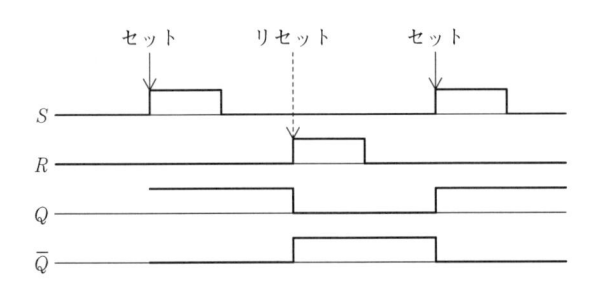

図4.3 NOR型非同期式SRラッチのタイムチャート

～～～ 補　　足 ～～～

NOR型非同期式SRラッチの入力に関しては，$S=R=H$を禁止している。この理由について触れておく。

先にも述べたように，SRラッチは，出力$(Q, \overline{Q})$を$(1, 0)$または$(0, 1)$に制御し，その出力状態を記憶する機能をもっている。入力$(S, R)=(1, 1)$の場合は，その出力が$(Q, \overline{Q})=(0, 0)$となり，特に回路が壊れるわけではない。しか

しながら，記憶状態とするために，$(S, R)=(0, 0)$ に戻す（S，R 共に 1 から 0 に変化させる）場合，物理的に全く同時に S，R 端子を変化させることは不可能であり，必ず，どちらか一方の端子が他の端子より先に変化することになる。したがって，この場合には，$(S, R)=(1, 0)$ または $(0, 1)$ の入力状態を経由して，$(S, R)=(0, 0)$ となる。この経由に従って，出力 $(Q, \bar{Q})$ が $(1, 0)$ または $(0, 1)$ を記憶することになり，結果として，$(S, R)=(1, 1)$ の入力は意味をもたなくなる。

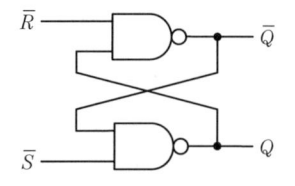

【例 4.3】 図 4.4 の回路の動作について説明せよ。

図 4.4　NAND 型非同期式 SR ラッチ

〚解答例〛 この回路は，NAND 回路をたすき掛けのように結線しており，NAND 型非同期式 SR ラッチと呼ばれる。入力端子に「―」が付いていることに注意を要する。この動きについて説明する。

NOR 型の例に対して，入出力の論理レベル H，L が逆になっていることを理解する必要がある。これを負論理と呼んでいる。

まず，$\bar{S}=H$，$\bar{R}=H$ の場合を考える。ここで，$Q=X$（X は L または H）とすると，$\bar{R}=H$ であるから，$\bar{Q}=\overline{H \cdot X}=\bar{X}$ となる。$\bar{Q}=\bar{X}$ であるから，$Q=X$ である。すなわち，$\bar{S}=H$，$\bar{R}=H$ で，$\bar{Q}=\bar{X}$，$Q=X$ であるような記憶ループを形成する。

ここで，この値 X を制御することを考える。$\bar{R}=H$ のままで $\bar{S}=L$ とする。このとき，$Q=H$，$\bar{Q}=L$ となる。この NAND 型 SR ラッチでは，$\bar{R}=H$，$\bar{S}=L$ で $\bar{Q}=L$ となることをセットと呼ぶ。ここで，$\bar{S}$ の値を H に戻す。いま，$\bar{Q}=L$ であるから，$Q=H$，$\bar{Q}=L$ のままである。これを記憶という。これとは逆に，$\bar{S}=H$ のままで $\bar{R}=L$ とすると，$\bar{Q}=H$，$Q=L$ となる。これをリセットと呼ぶ。また，一度リセットすると $\bar{R}$ を H に戻しても $\bar{Q}=H$，$Q=L$ のままで記憶される。

4.1 非同期式ラッチ回路の動作

―― 補　足 ――

例4.1と例4.3において，NOR型ラッチとNAND型ラッチの動作について述べた。これら両者の違いについては注意が必要である。

NOR型ラッチは正論理であるため，S，Rを正の値（H）で記憶状態の値を制御するのに対して，NAND型ラッチは負論理，すなわち負の値（L）で記憶状態の値を制御する。また，出力値も負論理である。したがって，NOR型の入出力値に関してH，Lを逆にすることにより，NAND型ラッチの動作が得られる。図4.4において，「―」（負論理記号）が重要な意味をもっている。動作の基本は，NOR型（正論理）では，$S=H$で$Q=H$とすることをセットと呼ぶのに対して，NAND型（負論理）では，$\overline{S}=L$で$\overline{Q}=L$とすることをセットと呼ぶ。NOR型ラッチでは$S=R=H$が禁止されていたが，NAND型ラッチでは，$\overline{S}=\overline{R}=L$が禁止されている。

【例4.4】 NAND型非同期式SRラッチの動きをタイムチャートで示せ。

〖解答例〗 例4.3の内容をタイムチャートで表すと図4.5のようになる。すなわち，$\overline{S}$端子がLとなった時点で出力$\overline{Q}$がL（セット）となり，$\overline{R}$端子がLとなった時点で出力$\overline{Q}$がH（リセット）となる。一度セットされると$\overline{S}$端子をHに戻した後も$\overline{R}$端子がLとなるまで出力$\overline{Q}=L$の状態が記憶される。NAND型非同期式SRラッチを動作させる場合，セット信号とリセット信号のLの部分を同時に入力しないことが重要である。

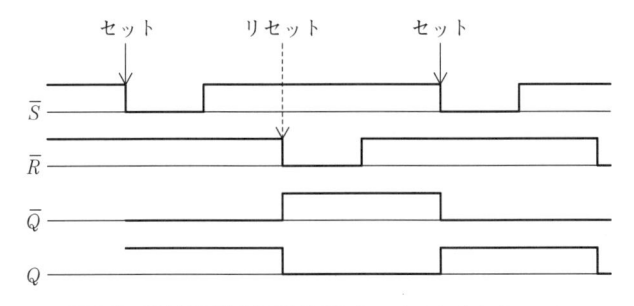

図4.5　NAND型非同期式SRラッチのタイムチャート

4.2 同期式ラッチ回路の動作

4.1節において非同期式ラッチ回路の動作について説明した。この回路は，安定な動作を得るためのスイッチ（チャタリング防止）に利用される。セット，リセット端子を一度設定するとその値が記憶される。このため，セット，リセット端子に一瞬のパルス（ハザード）が入るだけで，希望の動作が実現できない場合が生じる。このような場合に対して，ハザードが入力されていないタイミングでセット，リセットを制御できるような回路が望ましい。このことを実現するために，セット，リセット信号以外にクロック（clock）信号を入力しながら，制御のタイミングを適切にする同期式ラッチ回路がある。

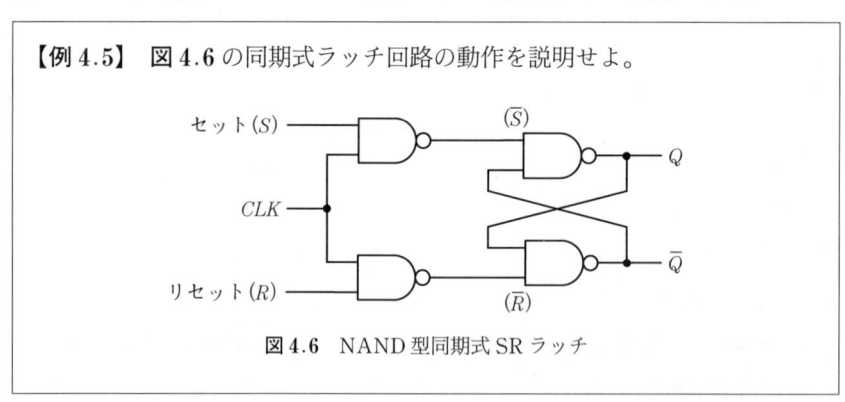

【例4.5】 図4.6の同期式ラッチ回路の動作を説明せよ。

図4.6 NAND型同期式SRラッチ

〚解答例〛 この回路は，4.1節で述べたNAND型非同期式ラッチの前に組合せ回路を付加することで同期式SRラッチを構成している。回路の入力は，セット（S），リセット（R），クロック（CLK）の三つである。本書においては，通常，クロック端子をCLKと標記する。この回路の動作は，CLKがHの場合とLの場合とで分けて考えると理解が容易である。

まず，CLKがLのとき，S，Rの入力にかかわらず，S側，R側のNAND出力はHとなる。すなわち，NAND型非同期式ラッチへの入力は，$\bar{S}=H$，$\bar{R}=H$である。したがって，記憶状態を形成する。

CLKがHのとき，$S=H$，$R=L$であれば，$\bar{S}=L$，$\bar{R}=H$となり，$Q=H$，$\bar{Q}=L$となる。$S=L$，$R=H$であれば，$\bar{S}=H$，$\bar{R}=L$となり，$Q=L$，$\bar{Q}=H$と

なる。

以上のことを整理すると，**表 4.1** が得られる。

表 4.1 NAND 型同期式 SR ラッチの動作

CLK	S	R	$\bar{S}$	$\bar{R}$	Q	$\bar{Q}$
L			H	H	記憶	
			L	H	記憶	
			H	H	記憶	
H	H	L	L	H	H	L
	L	H	H	L	L	H

入出力の関係を改めて見ると，CLK が L のときは記憶，H のときは，$S=H$，$R=L$ で $Q=H$，すなわち正論理のセットを，また，$S=L$，$R=H$ で $Q=L$，すなわち正論理のリセットの動作をしている。結果としてこの回路は，クロックに同期した正論理の SR ラッチの動作を示す。

【例 4.6】 例 4.5 の NAND 型同期式 SR ラッチの動作をタイムチャートで示せ。

〚解答例〛 例 4.5 の結果に基づくと**図 4.7** のような動作が得られる。同期式回路では，クロック CLK が入ってきたときに回路が入力信号に従って動作することに注意すべきである。CLK が H のときに S 端子に正のパルスが入力されると出力がセット ($Q=H$，$\bar{Q}=L$) され，R 端子に正のパルスが入力されるとリセット ($Q=L$，$\bar{Q}=H$) される。クロック信号が L のときは，入力信号は全く影響しない。このことにより，入力信号にハザードが存在する場合，ハザード入力時にクロックを入力しないことによって，正しい回路動作を実行することができる。

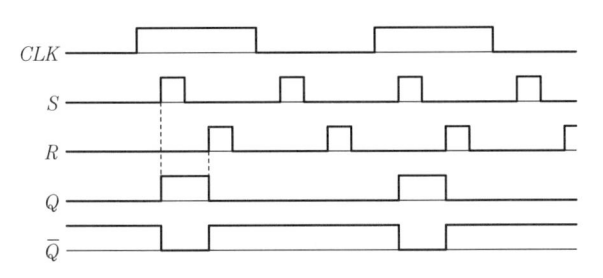

図 4.7 NAND 型同期式 SR ラッチの動作

4. ラッチとフリップフロップ

【例 4.7】 図 4.8 の同期式回路の動作について説明せよ。

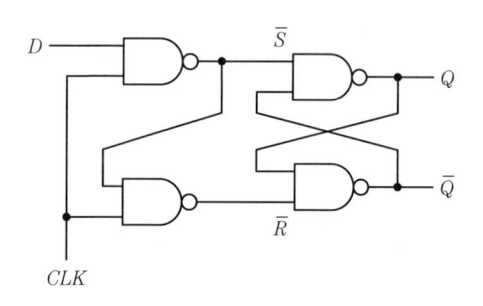

図 4.8 同期式 D ラッチ

〚解答例〛 この回路は，同期式 D ラッチと呼ばれる。この回路の動作を CLK が H の場合と L の場合に分けて考える。

まず，CLK が L のとき，入力 D に関係なく，$\bar{S}=\bar{R}=H$ となる。したがって，NAND 型非同期式ラッチの記憶の動作を行う。

CLK が H のとき，$D=H$ なら，$\bar{S}=L$，$\bar{R}=H$ であるから，非同期式ラッチは，セット動作（$Q=H$，$\bar{Q}=L$）を行う。

CLK が H のとき，$D=L$ なら，$\bar{S}=H$，$\bar{R}=L$ となるから，非同期式ラッチは，リセット動作（$Q=L$，$\bar{Q}=H$）を行う。

以上のことをまとめると**表 4.2** のようになる。

表 4.2 NAND 型同期式 D ラッチの動作

CLK	D	$\bar{S}$	$\bar{R}$	Q	$\bar{Q}$
L	L	H	H	記憶	
	H	H	H	記憶	
H	L	H	L	L	H
	H	L	H	H	L

この表を注意深く見ると以下のことがわかる。すなわち，この同期式 D ラッチは，CLK が H のときの D 信号をそのまま出力 Q に出力する。また，CLK が L になるときの D の値を CLK が L である間，出力し続ける（記憶する）。

【例 4.8】 同期式 D ラッチの動作をタイムチャートで示せ。

4.2　同期式ラッチ回路の動作　　67

〖**解答例**〗　例 4.7 の説明に従って**図 4.9** のように D 入力と CLK を入力すると，図のような出力が得られることになる。すなわち，CLK が H のときの D 端子への入力信号をそのまま Q に出力し，CLK が L になるときの D 入力信号の値を CLK が L である間中，保持する。

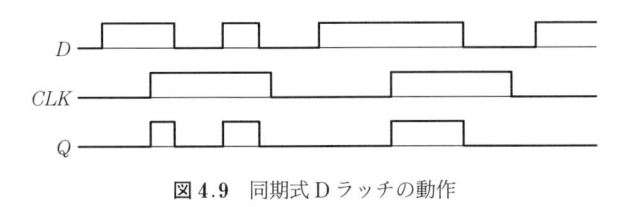

図 4.9　同期式 D ラッチの動作

本章において，ここまで，ラッチの動作について述べてきた。先にも述べたように，本書では，ラッチと FF を区別している。ラッチと FF の違いは，一言でいうとレーシングを生じるか否かである。レーシングについて次の例を用いて説明する。

【**例 4.9**】　図 4.10 の回路の動作を説明せよ。

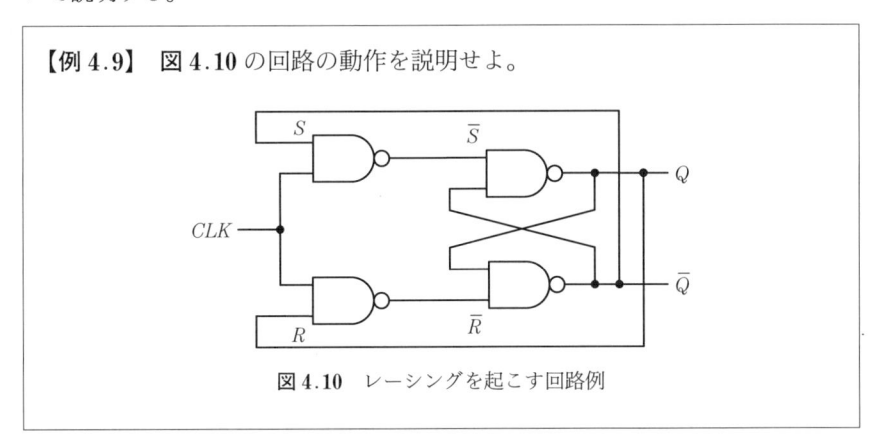

図 4.10　レーシングを起こす回路例

〖**解答例**〗　同期式 SR ラッチの出力 $\bar{Q}$ を S に，出力 Q を R に結線している。同期式 SR ラッチは，例 4.5 で示されたように，$S=1$，$R=0$ でセット（$Q=1$，$\bar{Q}=0$）され，$S=0$，$R=1$ でリセット（$Q=0$，$\bar{Q}=1$）される。すなわち，クロック信号が入力された（$CLK=1$）とき，$S=Q$，$R=\bar{Q}$ の関係が成り立つ。図のような結線では，S と R への入力が Q，$\bar{Q}$ に出力され，その出力信号が反転して入力に帰還することになる。したがって，一見，クロック信号の入力ごとに出力が反転するように考え

られる。しかしながら，実際にはこのようにはならない。同期式ラッチは，クロック信号が H の間中，SR ラッチの動きを実行し続ける。したがって，クロック信号が入力されたとき出力信号が反転するが，そのとき，まだクロック信号が H であれば，さらに出力が反転する。CLK が H である間中，この動作を繰り返し続ける。このように，クロックが入力されている（$CLK=1$）間中，出力が次段に次々と伝わっていく現象をレーシングと呼ぶ。

4.3　同期式ラッチの設計

　前節では，与えられた同期式ラッチの動作についての考察を行った。本節では，回路の仕様が与えられた場合に，どのようにしてその同期式ラッチを設計するかについての説明を行う。

　同期式ラッチは，図 4.11 のような構成をとっている。

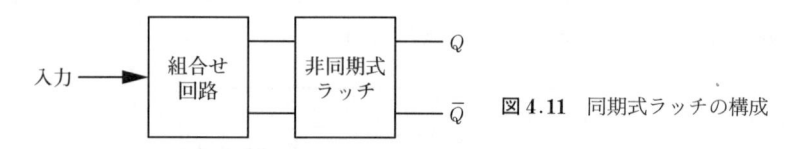

図 4.11　同期式ラッチの構成

　すなわち，出力側に非同期式ラッチ（NOR 型または NAND 型）があり，クロックを含む入力を外部端子としてもつ組合せ回路を入力段に組み込んだ回路構成となっている。したがって，同期式ラッチの設計は，この組合せ回路部を設計することに対応する。

【例 4.10】　同期式 SR ラッチを NOR 型非同期式ラッチを用いて設計せよ。

〚解答例〛　同期式 SR ラッチ全体の動作は表 4.3 によって与えられる。この表を特性表（characteristic table）と呼ぶ。

　NOR 型ラッチは，先にも述べたように，正論理（$H=1$）で動作する。ここでは，正論理の同期式ラッチの設計を考える。ラッチ全体の入出力信号は，クロック信号

4.3 同期式ラッチの設計

表 4.3 同期式 SR ラッチの特性表

C	S	R	Q^n	Q^{n+1}	機　能
0	0	0	0	0	記　憶
0	0	0	1	1	
0	0	1	0	0	
0	0	1	1	1	
0	1	0	0	0	
0	1	0	1	1	
0	1	1	0	0	
0	1	1	1	1	
1	0	0	0	0	記　憶
1	0	0	1	1	記　憶
1	0	1	0	0	リセット
1	0	1	1	0	リセット
1	1	0	0	1	セット
1	1	0	1	1	セット
1	1	1	0	ϕ	禁　止
1	1	1	1	ϕ	禁　止

C, セット信号 S, リセット信号 R である。順序回路では，クロックが入力された後の状態 Q^{n+1} は現状態 Q^n に依存する。

同期式 SR ラッチの動作をクロック信号 C が $L(=0)$ の場合と $H(=1)$ の場合に分けて考える。まず最初，表 4.3 のように C, S, R, Q^n についてすべてのパターン（$C=L$ で 8 通り，$C=H$ で 8 通り）を設定する。C が L のとき，回路は，それ以前の状態を記憶するから，次状態 Q^{n+1} の値は，現状態 Q^n と常に同じである。

C が H のとき，この回路は，入力 S と R の値に従って，セット，リセット，記憶の三つの振舞いを実行する。すなわち，$S=R=0$ で記憶 ($Q^{n+1}=Q^n$)，$S=1$, $R=0$ でセット ($Q^{n+1}=1$ となる)，$S=0$, $R=1$ でリセット ($Q^{n+1}=0$ となる) を実行する。$S=R=1$ の場合は禁止であるため Q^{n+1} の値は定義されない。したがって，Q^{n+1} の値は 0 でも 1 でもどちらでもよいという意味で $Q^{n+1}=\phi$ である。

ここで，出力側の非同期式ラッチの二つの入力端子を"セット"，"リセット"と記すことにする。出力の値を Q^n から Q^{n+1} に遷移させる場合に，セット，リセット端子をどのように制御する必要があるかをまとめたものが**表 4.4** の励起表 (excitation table) である。

例えば，表の 1 行目において，$Q^n=0$ から $Q^{n+1}=0$ に遷移させることを考える。

表 4.4 NOR 型同期式 SR ラッチの励起表

Q^n	Q^{n+1}	セット	リセット
0	0	0	ϕ
0	1	1	0
1	0	0	1
1	1	ϕ	0

この場合，非同期式ラッチを記憶状態にしておくかリセットすればよい（どちらの場合でも $Q^n=0$ から $Q^{n+1}=0$ となる）。非同期式ラッチの入力端子は，記憶であれば $S=R=0$，リセットであれば $S=0$，$R=1$ であるから，結果としてセット端子を 0，リセット端子を ϕ としておけばよいことがわかる。2 行目の $Q^n=0$ から $Q^{n+1}=1$ への遷移は，セットすることにより得られる。したがって，セット端子を 1，リセット端子を 0 とする。3 行目の $Q^n=1$ から $Q^{n+1}=0$ への遷移は，リセットすることにより得られる。したがって，セット端子を 0，リセット端子を 1 とする。4 行目の $Q^n=1$ から $Q^{n+1}=1$ への遷移は，記憶状態にしておくか，セットすればよい。記憶であれば，$S=R=0$，セットであれば $S=1$，$R=0$ であるから，結果としてセット端子を ϕ，リセット端子を 0 としておけばよいことがわかる。

NOR 型同期式ラッチの特性表に励起表を付加すると**表 4.5** が得られる。この表

表 4.5 特性表と励起表

C	S	R	Q^n	Q^{n+1}	セット	リセット
0	0	0	0	0	0	ϕ
0	0	0	1	1	ϕ	0
0	0	1	0	0	0	ϕ
0	0	1	1	1	ϕ	0
0	1	0	0	0	0	ϕ
0	1	0	1	1	ϕ	0
0	1	1	0	0	0	ϕ
0	1	1	1	1	ϕ	0
1	0	0	0	0	0	ϕ
1	0	0	1	1	ϕ	0
1	0	1	0	0	0	ϕ
1	0	1	1	0	0	1
1	1	0	0	1	1	0
1	1	0	1	1	ϕ	0
1	1	1	0	ϕ	ϕ	ϕ
1	1	1	1	ϕ	ϕ	ϕ

は，結局，同期式 SR ラッチ全体としての入力 C, S, R, Q^n が与えられたときに，出力側の非同期式ラッチのセット，リセット端子をどのように制御すべきであるかをまとめたものと考えることができる。

したがって，セット，リセット端子の論理関数をどのように構成するかは，C, S, R, Q^n を入力変数とするカルノー図により求められることになる。セット，リセットに対するカルノー図を**図 4.12** に示す。

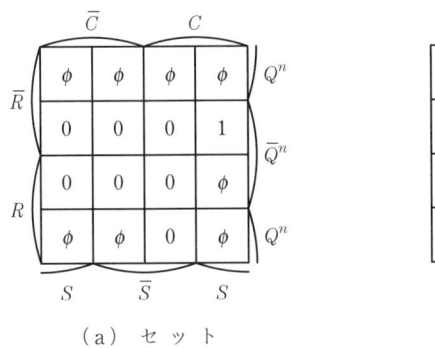

(a) セット (b) リセット

図 4.12 カルノー図

図よりミニマルカバーを求める（ϕ は都合のよいように 1 または 0 と考える）と

　　セット $= C \cdot S$

　　リセット $= C \cdot R$

であることがわかる。したがって，同期式 SR ラッチの回路は**図 4.13** のようになる。ここで，CLK は，クロック信号 C の入力端子である。

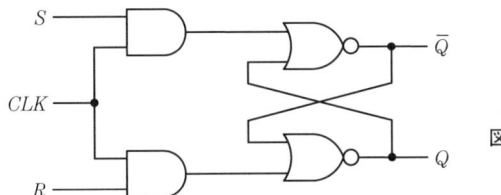

図 4.13 NOR 型同期式 SR ラッチ

【例 4.11】 同期式 D ラッチを設計せよ。

〖解答例〗 D ラッチの特性表と励起表を**表 4.6** に示す。

表 4.6 同期式 D ラッチの特性表と励起表

C	D	Q^n	Q^{n+1}	S	R
0	0	0	0	0	ϕ
0	0	1	1	ϕ	0
0	1	0	0	0	ϕ
0	1	1	1	ϕ	0
1	0	0	0	0	ϕ
1	0	1	0	0	1
1	1	0	1	1	0
1	1	1	1	ϕ	0

ここでは，正論理の同期式 D ラッチを考える。出力側の非同期式ラッチとして，NOR 型非同期式ラッチを採用する。特性表は以下のことを意味している。クロック C が L のとき，入力 D にかかわらず Q^n の出力状態が保持され $Q^{n+1}=Q^n$ となる。クロック C が H のとき，$D=0$ であれば Q^n の値にかかわらず $Q^{n+1}=0$，$D=1$ であれば $Q^{n+1}=1$ となる。次に，以上のような動作を実現するために，出力側の NOR 型非同期式ラッチの S（セット），R（リセット）端子をどのように制御すればよいかを考える。例えば，1 行目のように $Q^n=0$ から $Q^{n+1}=0$ に遷移させるためには，記憶 ($S=R=0$) かリセット ($S=0, R=1$) とすればよい。結果として $S=0$，$R=\phi$ とすればよい。2 行目のように $Q^n=1$ から $Q^{n+1}=1$ に遷移させるためには，記憶 ($S=R=0$) かセット ($S=1, R=0$) とすればよいから，$S=\phi$，$R=0$ とすればよい。$Q^n=1$ から $Q^{n+1}=0$ への場合にはリセット ($S=0, R=1$) にし，$Q^n=0$ から $Q^{n+1}=1$ への場合はセット ($S=1, R=0$) とする。結果として，表 4.6 のセット，リセットの表が得られる。

以上から，変数 C, D, Q^n に対する S, R の論理関数が図 4.14 のカルノー図か

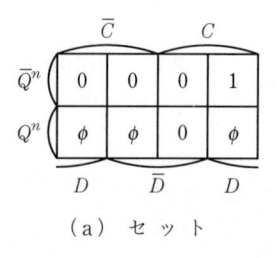

図 4.14 カルノー図

ら求まる。

ϕ を都合のよいように 1 または 0 と考えると，カルノー図から S, R の論理関数は

$S = C \cdot D$

$R = C \cdot \overline{D}$

となる。以上から図 4.15 のような回路が得られる。

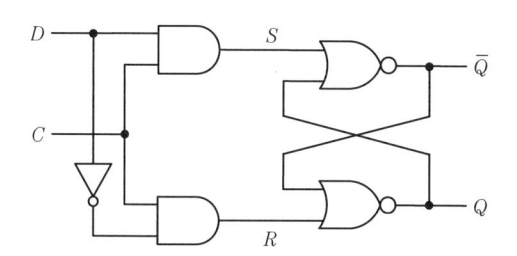

図 4.15　同期式 D ラッチ

4.4　フリップフロップの構成

これまで，本章では，ラッチ回路の動作とその設計方法について述べてきた。本書では，ラッチ回路とフリップフロップ (FF) を明確に区別している。本節では，ラッチ回路を組み合わせることでレーシングを回避できる FF について述べる。

【例 4.12】　同期式 SR ラッチを図 4.16 のように接続した回路の動作を述べよ。

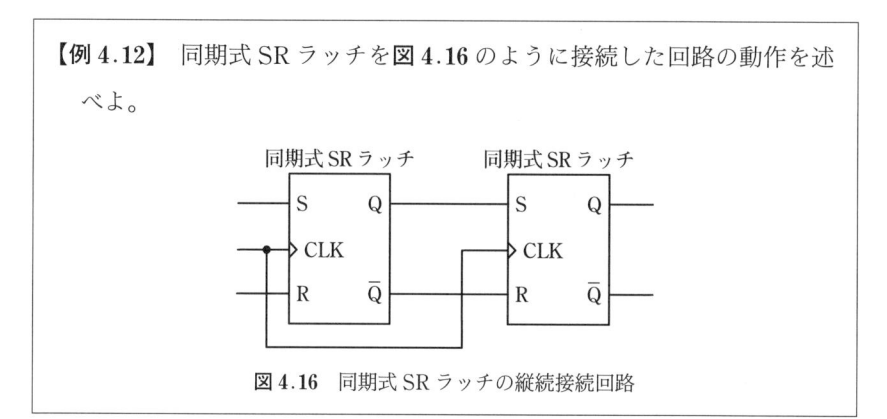

図 4.16　同期式 SR ラッチの縦続接続回路

〔解答例〕　同期式ラッチの動作は $S=1$, $R=0$ で $Q=1$，また $S=0$, $R=1$ で $Q=0$ であった（例 4.5 参照）。図 4.16 の同期式 SR ラッチ 2 段からなる回路にお

いて，クロック信号が入る前に，初段の出力が $(Q, \overline{Q})=(0, 1)$，2段目の出力が $(Q, \overline{Q})=(1, 0)$ であるとする。また，初段への入力が $(S, R)=(1, 0)$ であるとする。ここで，CLK にクロックが入力されると初段への入力が $(S, R)=(1, 0)$ であるから，同期式ラッチの動作より，初段の出力が $(Q, \overline{Q})=(0, 1)$ から $(Q, \overline{Q})=(1, 0)$ に遷移する。同時に，初段の出力 $(Q, \overline{Q})=(0, 1)$ が2段目の回路の入力として働き，その結果，2段目の回路の出力は $(Q, \overline{Q})=(0, 1)$ となる。クロックの入力に対して，それぞれの内容が右側に1ビットシフトしたように動くと考えられる。すなわち，図4.16の回路は，一見，シフトレジスタとして動作するように見える。

同期式 SR ラッチ回路では，あくまでもクロック信号が H のときに上記のような動作を実行する。クロック入力後，各ラッチの内容が1ビット右側のラッチに移動したとき，クロック信号が依然として H であると上記のようなデータの移動が続けて生じる。通常，クロック信号の H の期間は，ラッチ1段分の転送に要する時間より長いため，データの移動は1ビットではなく何ビット分かの移動がなされる。すなわちレーシングが生じる。例4.9でも述べたように，本書では，レーシングを生じる回路をラッチ，レーシングを生じない回路を FF として定義する。

次に，一つのクロックパルスに対して1ビットの移動を実現することを考える。このことを実現するために，ラッチ回路を利用して，FF（レーシングを生じない回路）を構成する方法について述べる。

4.4.1 マスタスレーブ型フリップフロップ

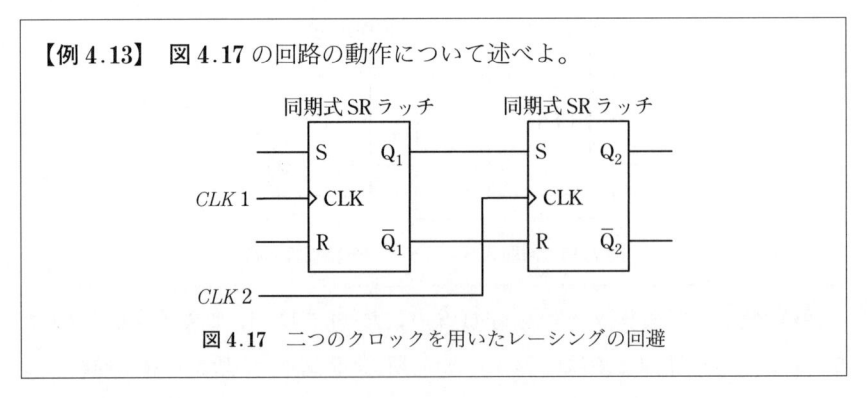

【例 4.13】 図 4.17 の回路の動作について述べよ。

図 4.17 二つのクロックを用いたレーシングの回避

〖**解答例**〗 この回路は，SRラッチを2段に組み合わせた回路構成をとっており，マスタスレーブ（master-slave）型FFと呼ばれる。

初段のラッチをマスタと呼び，2段目のラッチをスレーブと呼ぶ。それぞれのラッチに対して異なるクロック信号 $CLK1$ と $CLK2$ を入力する。ここで，それぞれのクロックの H 状態が重なっていないことが重要である。初段のラッチへのクロック $CLK1$ が H となると入力信号 S と R に従って出力 Q_1，$\bar{Q}_1$ の状態が決定される。このとき，2段目のラッチへのクロック信号 $CLK2$ を L としておき，Q_1 および $\bar{Q}_1$ からの出力信号が2段目の回路に伝わらないようにする。次に，2段目のクロック信号 $CLK2$ が H となったとき（このとき，$CLK1$ は L とする），はじめて Q_1，$\bar{Q}_1$ の信号が2段目のラッチに伝わり，出力 Q_2，$\bar{Q}_2$ へと伝わる。この動作により，レーシングを回避できる。このタイプのFFをマスタスレーブ型FFと呼ぶ。

この回路では，1段目のクロック $CLK1$ と2段目のクロック $CLK2$ の位相をずらすために2相のクロックを用いているが，両クロックの位相を180度ずらせばよいことから，初段のラッチへのクロック信号に対してNOT回路を一つ挿入して2段目のクロックとすることで，マスタスレーブ型回路が容易に実現できる。その構成を図4.18に示す。

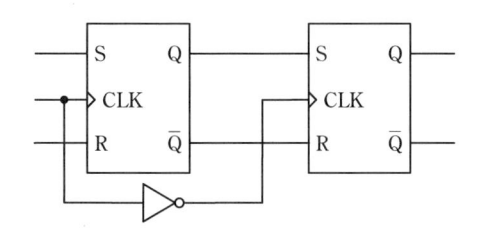

図4.18 マスタスレーブ型FF

4.4.2 エッジトリガ型フリップフロップ

例4.13で示されたようにして，レーシングのないマスタスレーブ型FFが構成できる。マスタスレーブ型FFでは，クロックの立上りでマスタ側のラッチが動作し，クロックの立下りでスレーブ側のラッチが動作する。したがって，FF全体としては，入力と出力間にクロック一つ分の信号の遅れを伴う。クロックの立上り（立下り）にFF全体として応答するように設計したものに

エッジトリガ（edge trigger）型 FF がある。

【例 4.14】 図 4.19 の回路の動作について述べよ。

図 4.19　エッジトリガ型 D-FF

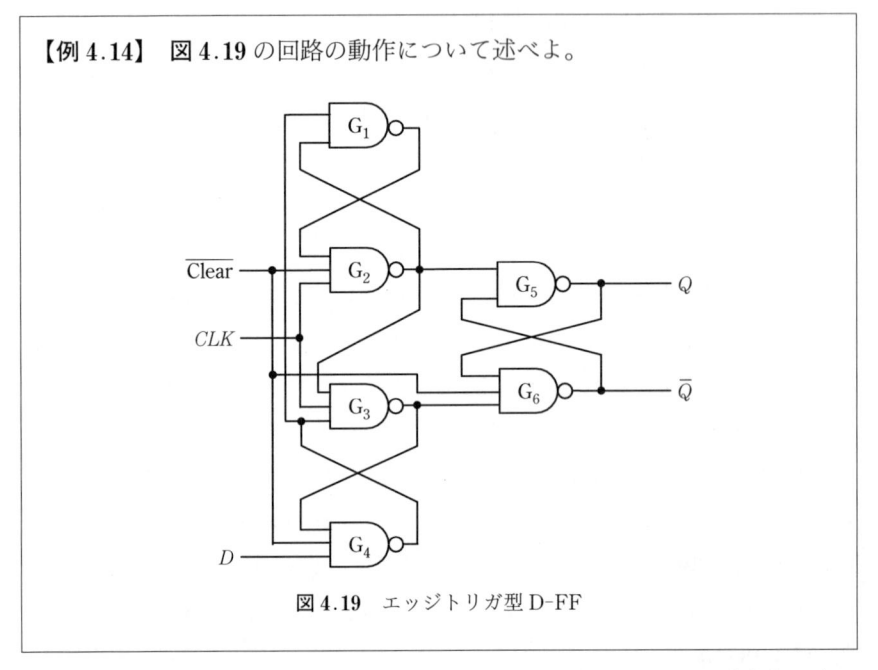

〖解答例〗 この回路は，エッジトリガ型 D-FF と呼ばれる。図の回路動作を考えるために，まず，$\overline{Clear}$ 端子とゲート G_2 の出力からゲート G_3 の入力への結線を省略した回路の動作を考える。この回路を図 4.20 に示す。

この回路において，$CLK=0$ の場合，D 入力に依存することなく，ゲート G_2 の出力，ゲート G_3 の出力は共に 1 となる。すなわち $q=q'=1$ となり，ゲート G_5, G_6 からなる出力段の NAND 型非同期式ラッチは，記憶ループを形成する〔図 4.21(a) の $t_0 \sim t_1$〕。

次に，CLK の入力値が 0 から 1 に変化するときの回路の状態変化を，$D=0$ の場合と $D=1$ の場合に分けて考える。

$D=0$ の場合，$CLK=0$ で，G_4 の出力が 1，G_1 の出力が 0 となっている。このとき，$CLK=1$ とすると，$q=1$，$q'=0$ と変化し，$Q=0$，$\overline{Q}=1$ となる〔図 4.21(a) の $t_1 \sim t_2$〕。ここで，D が 0 から 1 に変化するときを考える。このときは，G_4 の出力は 1 のままであり，結果として，q も q' も変化しない〔図 4.21(a) の $t_2 \sim t_3$〕。

4.4 フリップフロップの構成

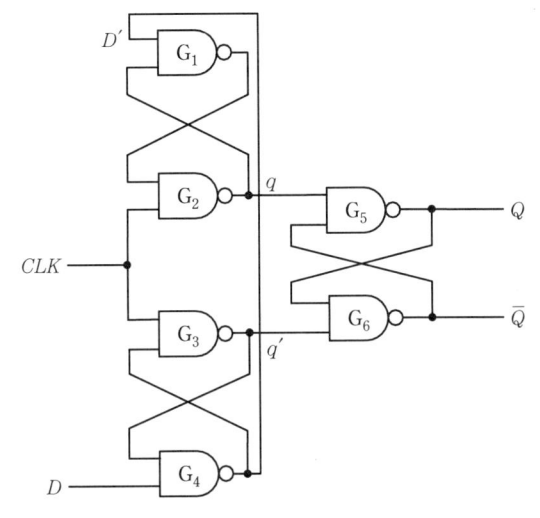

図 4.20 エッジトリガ型 D-FF の一部を省略した回路

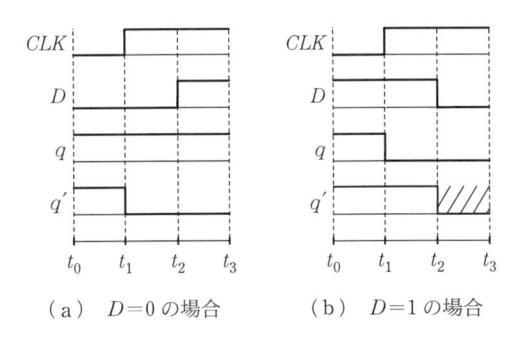

(a) $D=0$ の場合　　(b) $D=1$ の場合

図 4.21 図 4.20 の回路のタイムチャート

一方，$D=1$ の場合，$CLK=0$ で，G_4 の出力が 0，G_1 の出力が 1 となっている。このとき，CLK が 1 に変化すると，ゲート G_2 の出力が 1 から 0 に変化する。すなわち，$q=0$ となる。q' は 1 のままであるから，$Q=1$，$\overline{Q}=0$ となる。ここで，D が 1 から 0 に変化することを考える。このときは，G_4 の出力が 0 から 1 に変化するため，q' が 1 から 0 に変化する。

NAND 型非同期式ラッチの入力が共に 0 となる使い方は禁止されており，したがって，図 4.21(b) の斜線で示された部分を常に 1 となるような回路構成にする必要がある。すなわち，CLK が 0 から 1 に立ち上がるときにだけ出力 Q が変化し，ク

ロックのエッジ以外では D 入力が変化しても出力 Q が変化しないような回路構成である。このことを実現するために次のような工夫を行うことになる。D 入力が 1 から 0 に変化したときでも値の変化がない q を NAND ゲート G_3 の入力とすることで容易にこのことを実現できる（**図 4.22**）。

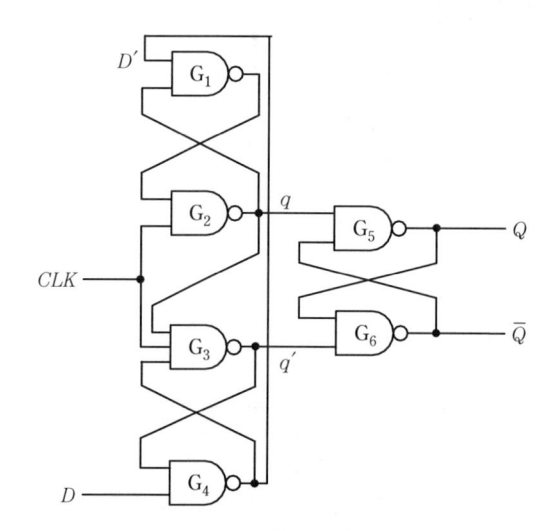

図 4.22 エッジトリガ型 D-FF の原型

図 4.22 の回路に $\overline{\text{Clear}}$ 端子を付加することで図 4.19 の回路が得られる。この回路では，$\overline{\text{Clear}}=0$ のとき，G_2 の出力が 1，すなわち $q=1$，G_6 の出力が 1，すなわち $\overline{Q}=1$ となるため，$Q=0$ となる。$\overline{\text{Clear}}$ が 1 のときは，クリアが解除され，CLK，D の入力に依存して図 4.22 の回路の動作となる。

4.5　フリップフロップの種類

フリップフロップ（FF）には，SR 型，D 型，JK 型，T 型と呼ばれるものがある。以下では，例と共にこれらの動作について述べる。

【例 4.15】　SR-FF の動作を説明せよ。

〚解答例〛　図 4.18 において，マスタスレーブ型 SR-FF を示した。SR-FF とは，セット，リセット機能をもつ記憶回路である。その特性表を**表 4.7**に，また励起表

表4.7 SR-FF の特性表

S	R	Q^{n+1}
0	0	Q^n (記憶)
0	1	0 (リセット)
1	0	1 (セット)
1	1	禁止

表4.8 SR-FF の励起表

Q^n	Q^{n+1}	S	R	
0	0	0	ϕ	(記憶またはリセット)
0	1	1	0	(セット)
1	0	0	1	(リセット)
1	1	ϕ	0	(記憶またはセット)

を表4.8に示す。

この特性表は,正論理のSRラッチと同じである。すなわち,$(S, R)=(0, 0)$ で記憶,$(S, R)=(0, 1)$ でリセット,$(S, R)=(1, 0)$ でセット動作が実行される。入力 $(S, R)=(1, 1)$ は禁止されている。

励起表は,現在の時刻でのFFの出力状態 Q^n がクロックが入った次の時刻での出力状態 Q^{n+1} に遷移するために,制御端子(SR-FFではSとR)をどのようにしておくべきかを示している。例えば,$Q^n=0$ から $Q^{n+1}=0$ に遷移させるためには,クロック入力の前後の関係が記憶かリセットであればよい。記憶であれば $S=R=0$,リセットであれば $S=0$, $R=1$ であるから,結局,$S=0$, $R=\phi$ とすることでこの動作が得られる。

$Q^n=0$ から $Q^{n+1}=1$ への遷移はセット($S=1, R=0$)することでなされ,$Q^n=1$ から $Q^{n+1}=0$ への遷移はリセット($S=0, R=1$)することでなされる。$Q^n=1$ から $Q^{n+1}=1$ への遷移は,記憶($S=R=0$)かセット($S=1, R=0$)すると考え,その結果,$S=\phi$, $R=0$ とすることで実現できる。

【例4.16】 D-FF の動作を説明せよ。

〚解答例〛 D-FF では,クロックの立上り時の D 入力と同じ値を Q に出力する。そして,次のクロックの立上り時までその出力値を出し続ける。その特性表を表4.9に,励起表を表4.10に示す。

D-FF では,クロックが入る前の状態 Q^n に関係なく,クロック入力時の D 入力の値で次の状態 Q^{n+1} が決まる。したがって,励起表において,常に $Q^{n+1}=D$ となる。

表 4.9　D-FF の特性表

D	Q^{n+1}
0	0
1	1

表 4.10　D-FF の励起表

Q^n	Q^{n+1}	D
0	0	0
0	1	1
1	0	0
1	1	1

【例 4.17】　図 4.23 の回路の動作を説明せよ。

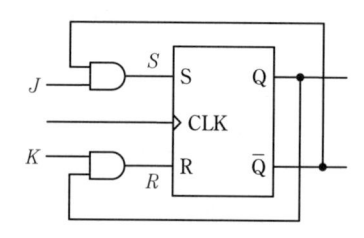

図 4.23　JK-FF

〚解答例〛　SR-FF と AND 回路から構成されるこの回路は JK-FF と呼ばれる。この回路では，J，K の端子の入力により，出力状態が制御される。

$J=K=0$ の場合，$S=R=0$ となり，クロック信号に関係なく記憶状態となる。

$J=1$，$K=0$ のときは，クロックが入力される前の Q の値ごとにその動作を考える。$Q=0$，$\bar{Q}=1$ のとき，$S=1$，$R=0$ となるからセット動作が実行され，$Q=1$，$\bar{Q}=0$ となる。$Q=1$，$\bar{Q}=0$ のとき，$R=S=0$ となるから記憶状態が保たれる。したがって，$Q=1$，$\bar{Q}=0$ のままである。ここで改めて $J=1$，$K=0$ のときを整理すると，結局，S，R の値にかかわらず，クロックが入力された後，出力は $Q=1$，$\bar{Q}=0$ となる。

$J=0$，$K=1$ のときも Q の値ごとにその動作を考える。$Q=0$，$\bar{Q}=1$ のとき $S=0$，$R=0$ となるから記憶状態が保たれる。したがって，出力は $Q=0$，$\bar{Q}=1$ のままである。$Q=1$，$\bar{Q}=0$ のとき $S=0$，$R=1$ となり，SR-FF がリセットされるため，クロックが入力された後，$Q=0$，$\bar{Q}=1$ となる。結局，$J=0$，$K=1$ のときは，Q，$\bar{Q}$ の状態にかかわらず，クロックが入力された後，出力が $Q=0$，$\bar{Q}=1$ となることがわかる。

以上のことから，JK-FF は，SR-FF と同じ動作を実現でき，J が S，K が R に

対応してセット，リセットの動作が実行されることがわかる。

$J=K=1$ のときは，SR-FF とは異なる動作となる。クロック入力前の Q の値ごとに考える。$Q=1$, $\bar{Q}=0$ の場合，$S=0$, $R=1$ となり，JK-FF 内の SR-FF がリセット ($Q=0, \bar{Q}=1$) される。$Q=0$, $\bar{Q}=1$ の場合 $S=1$, $R=0$ となり，SR-FF がセット ($Q=1, \bar{Q}=0$) される。改めて $J=K=1$ のときを整理すると，クロックが入力された後の出力が，クロックが入力される前の出力状態を反転した状態となることがわかる。これは，T-FF の動作に対応する。

JK-FF の動作をまとめると表 4.11 の特性表と表 4.12 の励起表のようになる。

表 4.11　JK-FF の特性表

J	K	Q^{n+1}
0	0	Q^n （記憶）
0	1	0 （リセット）
1	0	1 （セット）
1	1	$\bar{Q}^n$ （反転）

表 4.12　JK-FF の励起表

Q^n	Q^{n+1}	J	K
0	0	0	ϕ （記憶またはリセット）
0	1	1	ϕ （反転またはセット）
1	0	ϕ	1 （反転またはリセット）
1	1	ϕ	0 （記憶またはセット）

ここで，JK-FF の励起表について説明する。$Q^n=0$ から $Q^{n+1}=0$ に遷移させるためには，記憶 ($J=K=0$) かリセット ($J=0, K=1$) すればよい。したがって $J=0$, $K=\phi$ とする。$Q^n=0$ から $Q^{n+1}=1$ に遷移させるためには，反転 ($J=K=1$) かセット ($J=1, K=0$) すればよく，$J=1$, $K=\phi$ とすることにより，この動作が得られる。$Q^n=1$ から $Q^{n+1}=0$ に遷移させるためには，反転させる ($J=K=1$) かリセット ($J=0, K=1$) すればよく，$J=\phi$, $K=1$ でこの動作が得られる。$Q^n=1$ から $Q^{n+1}=1$ に遷移させるためには，記憶 ($J=K=0$) かセット ($J=1, K=0$) すればよく，$J=\phi$, $K=0$ でこの動作が実現できる。

JK-FF は，SR-FF と T-FF を組み合わせた動作を実行できる。T-FF は，クロックが入力される度に出力 ($Q, \bar{Q}$) の値が反転する FF である。

4.6　フリップフロップの相互変換

ここでは，FF の相互変換について述べる。ある型の FF に付加回路を付けて，他の型の FF の機能に変換する方法について述べる。

【例 4.18】 SR-FF を用いて D-FF を構成せよ。

〚解答例〛 まず最初，SR-FF と D-FF の励起表を**表 4.13** に示す。

表 4.13 SR-FF と D-FF の励起表

Q^n	Q^{n+1}	D	S	R
0	0	0	0	ϕ
0	1	1	1	0
1	0	0	0	1
1	1	1	ϕ	0

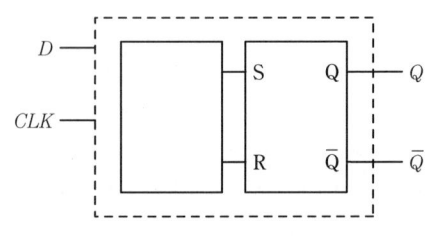

図 4.24 SR-FF を用いた D-FF の構成

この励起表について検討する。設計したい回路は，**図 4.24** のような構成である。外部入力として D があり，ブラックボックス（破線で囲まれた部分）の中の出力部が SR-FF で構成されている。すなわち，Q^n と D 入力が決定されるとき，表のように S と R の値を SR-FF の入力端子 S と R の値とすることが目標である。したがって，この場合には，Q^n と D を入力変数とする S と R のカルノー図を作成すればよい。

図 4.25 のカルノー図からミニマルカバーを求めると

$$S = D$$

$$R = \bar{D}$$

となる。これを回路図で示すと**図 4.26** のようになる。

(a) S 端子側　　(b) R 端子側

図 4.25 カルノー図　　図 4.26 SR-FF による D-FF の構成

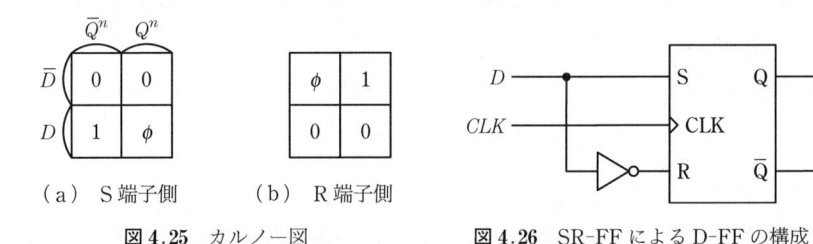

【例 4.19】 SR-FF を用いて T-FF を構成せよ。

〚解答例〛 二つの FF の励起表を**表 4.14** に示す。T-FF では，$T = 1$ のとき，現

4.6 フリップフロップの相互変換

表4.14 T-FF と SR-FF の励起表

Q^n	Q^{n+1}	T	S	R
0	0	0	0	ϕ
0	1	1	1	0
1	0	1	0	1
1	1	0	ϕ	0

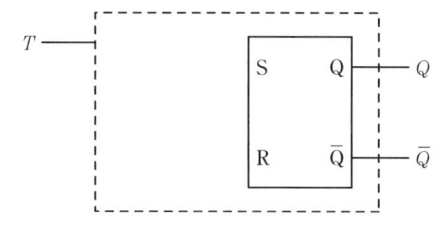

図4.27 SR-FF を用いた T-FF の構成

状態 Q^n と次状態 Q^{n+1} が反転の関係にある。

ここで，構成すべき回路は，図4.27のような回路である。この励起表は，次のことを意味している。すなわち，現状態 Q^n と入力 T が与えられたとき，出力側の SR-FF の入力 S, R が表4.14のようになれば，T-FF と同様の状態遷移を実現できる。したがって，Q^n と T を入力変数とするカルノー図（図4.28）を S と R について作成する。

カルノー図より

$$S = T \cdot \bar{Q}^n$$
$$R = T \cdot Q^n$$

となる。これを回路図で示すと図4.29のようになる。

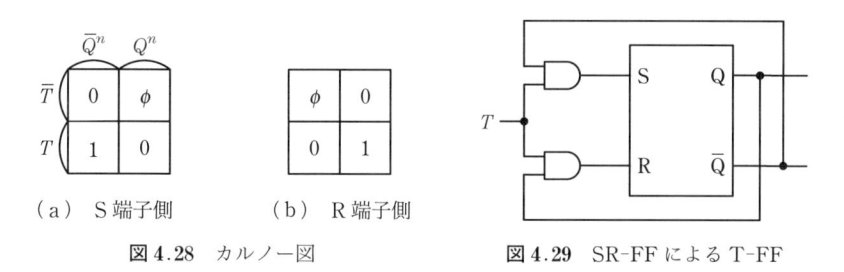

(a) S 端子側　　(b) R 端子側

図4.28 カルノー図　　図4.29 SR-FF による T-FF

【例4.20】 SR-FF を用いて JK-FF を構成せよ。

〚解答例〛 二つの FF の励起表を**表4.15**に示す。

設計したい回路は，**図4.30**のような構成である。したがって，Q^n, J, K を入力変数とするカルノー図を S と R について作成する（**図4.31**）。

カルノー図から SR-FF の S, R 端子への論理関数は

表 4.15 JK-FF と SR-FF の励起表

Q^n	Q^{n+1}	S	R	J	K
0	0	0	ϕ	0	ϕ
0	1	1	0	1	ϕ
1	0	0	1	ϕ	1
1	1	ϕ	0	ϕ	0

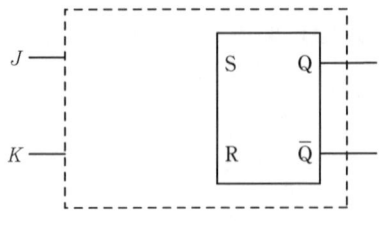

図 4.30 SR-FF を用いた JK-FF の構成

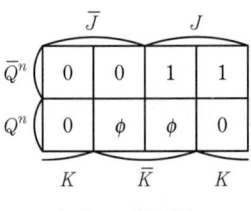

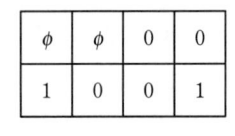

(a) S 端子側

(b) R 端子側

図 4.31 カルノー図

$S = J \cdot \overline{Q}^n$

$R = K \cdot Q^n$

となる。したがって，JK-FF の回路は図 4.32 のようになる。

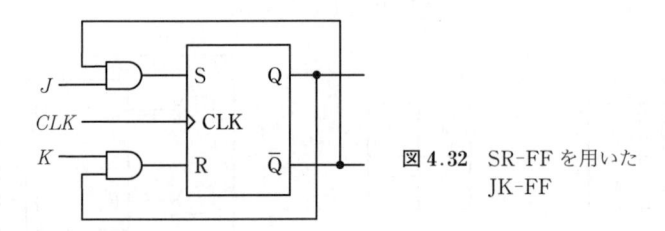

図 4.32 SR-FF を用いた JK-FF

【例 4.21】 JK-FF を用いて T-FF を構成せよ。

〚解答例〛 二つの FF の励起表を表 4.16 に示す。

Q^n と T を入力変数とするカルノー図を J と K について作成する（図 4.33）。

カルノー図から，JK-FF の J，K 端子への入力論理関数は

$J = T$

$K = T$

となる。このことは，JK-FF に T 入力（$T=1$）があるとき，JK-FF が T-FF とし

4.6 フリップフロップの相互変換

表 4.16 T-FF と JK-FF の励起表

Q^n	Q^{n+1}	T	J	K
0	0	0	0	ϕ
0	1	1	1	ϕ
1	0	1	ϕ	1
1	1	0	ϕ	0

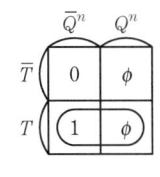

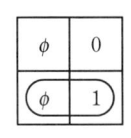

(a) J 端子側　　(b) K 端子側

図 4.33 カルノー図

て動作することを意味している。この論理関数から，図 4.34 の回路が得られる。これは，表 4.11 の JK-FF の特性表の内容と合致している。

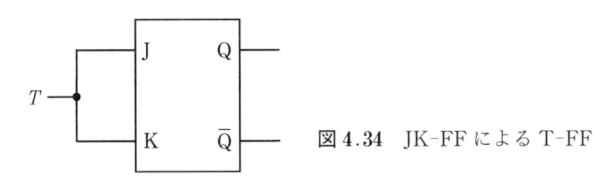

図 4.34 JK-FF による T-FF

【例 4.22】 JK-FF を用いて D-FF を構成せよ。

〖解答例〗 二つの FF の励起表を表 4.17 に示す。

表 4.17 D-FF と JK-FF の励起表

Q^n	Q^{n+1}	D	J	K
0	0	0	0	ϕ
0	1	1	1	ϕ
1	0	0	ϕ	1
1	1	1	ϕ	0

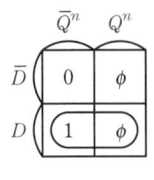

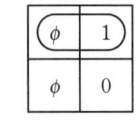

(a) J 端子側　　(b) K 端子側

図 4.35 カルノー図

ここで Q^n と D を入力変数とするカルノー図を J と K について作成する（図 4.35）。

カルノー図から

$J = D$

$K = \bar{D}$

が得られる。このことから，JK-FF を用いた D-FF が図 4.36 のように得られる。

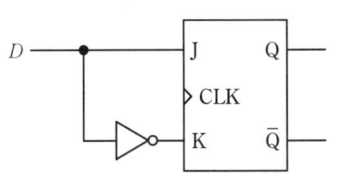

図 4.36 JK-FF 用いた D-FF

5

順序回路の動作（解析）

　第4章で，フリップフロップ（FF）の構成とその動作について述べた。本章では，FF を基本回路として用いた順序回路の動作解析について述べる。

　順序回路は，記憶回路と組合せ回路から構成される。また，帰還を含んでいる。

　これらの順序回路ではクロックを含む入力信号に対応して，時間と共に FF の出力値（状態）が変化する。記憶回路からの出力信号が帰還により，組合せ回路の入力の一部となっている。したがって，クロックが入力された後の状態（次状態）は，クロックが入力する前の状態（現状態）と入力信号により決定される。

　順序回路の動作は，組合せ回路への入力信号に対する出力信号と各 FF の状態遷移をクロックの入力ごとに調べることにより解析される。本章では，定形型の順序回路を例にとり，その動作解析について説明する。

5.1 カウンタ

　典型的な順序回路の一つにカウンタ（counter）がある。カウンタとは，数を数える回路である。

　カウンタの動作について，以下の例と共に説明する。

【例 5.1】 図 5.1 の回路の動作を説明せよ。

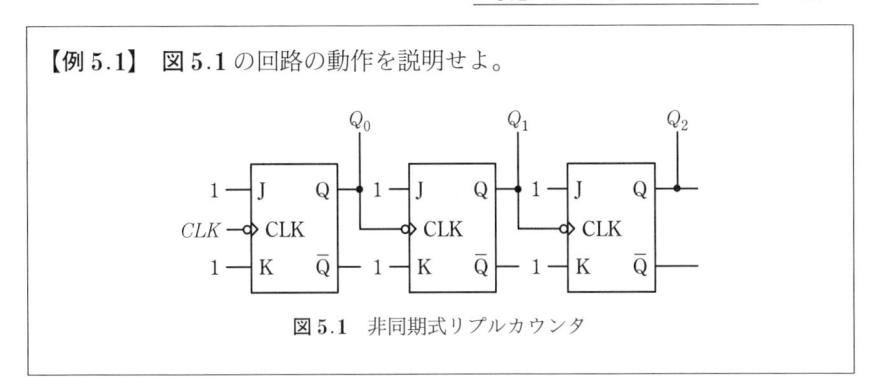

図 5.1 非同期式リプルカウンタ

〚**解答例**〛 この回路は，非同期式カウンタと呼ばれる。この例では，JK-FF を 3 個つなぐことにより，8 進カウンタを構成している。JK-FF の J，K 端子は，いずれも H にプルアップされている。したがって，すべての JK-FF は，T-FF として動作する。この JK-FF は，ダウンエッジトリガである（クロック端子に○が付いている）。この回路の入出力信号のタイムチャートを**図 5.2** に示す。

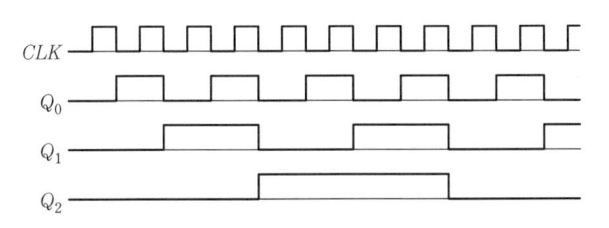

図 5.2 非同期式 8 進カウンタのタイムチャート

さて，初段の CLK（クロック）入力端子にクロック信号を入力するとその立下り（ダウンエッジ）でトリガがかかる。このとき，JK-FF は T-FF の動作を行うため，出力信号 Q_0 が反転する。次のクロック信号のダウンエッジで Q_0 の状態は再度反転する。このように出力 Q_0 はクロック信号のダウンエッジごとに反転を繰り返すため，結果としてクロックの半分の周波数をもつ信号となり出力される。

次に，2 段目の JK-FF について考える。この FF の CLK 入力端子は初段の出力 Q_0 に接続されているため，Q_0 がクロック信号として動作する。動作は 1 段目の FF と同じである。すなわち，Q_0 からの信号のダウンエッジごとに出力 Q_1 が反転する。したがって，Q_1 からの出力信号は，クロックに比べて 1/4，Q_0 からの信号に比べて

1/2 の周波数をもつ信号となる．

同様に，3 段目の JK-FF の出力 Q_2 からの出力信号は，クロックに比べ 1/8，Q_0 からの信号に比べ 1/4，Q_1 からの信号に比べ 1/2 の周波数をもつ信号となる．

【例 5.2】 図 5.3 に示される非同期式 5 進カウンタの動作を説明せよ．

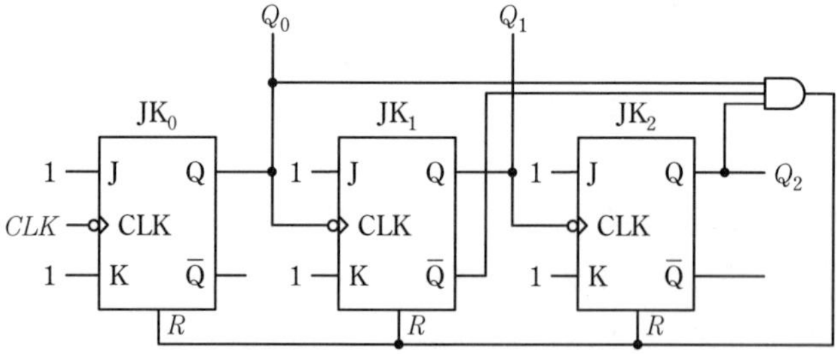

図 5.3 非同期式 5 進カウンタ

〖解答例〗 この回路において，J，K 端子はすべて 1（レベル H）にプルアップされているため，各 JK-FF は，T-FF として動作する．

5 進カウンタは，10 進数で $0 \to 1 \to 2 \to 3 \to 4 \to 0 \to \cdots$ と動作する．0 から 4 までの状態を含むためには，3 個の FF が必要である．この FF の出力を Q_2，Q_1，Q_0 とする．クロックが入力されるごとに Q_2，Q_1，Q_0 は，$000 \to 001 \to 010 \to 011 \to 100 \to 000 \to \cdots$ と遷移する．

例 5.1 において，8 進カウンタの動作を説明した．8 進カウンタをもとにすると 5 進カウンタの動作も容易に説明できる．すなわち，状態が 100 の次のクロックで 101 とはならず，000 に遷移する．したがって，5 進カウンタでは，8 進カウンタの構成に加えて，101 になった瞬間に，すべての FF がリセットされるような機構が必要となる．

リセットが正論理で掛かる場合，出力が 101 ですべての FF のリセット端子 R が H となるようにすればよいから，論理 $Q_0 \cdot \overline{Q_1} \cdot Q_2$ をリセット端子につなげばよいことになる．このことから，図 5.3 の回路が得られる．

この回路のタイムチャートを図 5.4 に示す．

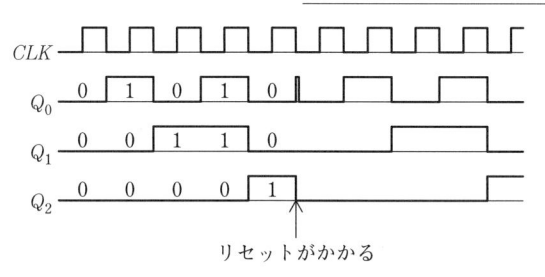

図 5.4　非同期式 5 進カウンタのタイムチャート

---**補　足**---

例 5.2 で示した回路では，正確な動作が得られないことがある。これは，以下のような理由による。

FF の出力状態が $(Q_0, Q_1, Q_2)=(1,0,1)$ で AND 出力が 1 となり，リセットが掛かる。しかしながら，AND 出力から三つのリセット端子への信号伝搬が少しずれた場合，例えば，AND 出力から最も遠い JK_0 のリセットが遅れると，$(Q_0, Q_1, Q_2)=(1,0,0)$ となり，AND 出力が L になる。この回路では，AND 出力が H のときのみ FF はリセットされるから，Q_0 はリセットされないことになる。

一度このようになると AND 出力は L となるため，結果として誤動作が生じる。したがって，すべての FF を確実にリセットするような回路構成が必要となる。このことを例 5.3 で述べる。

【例 5.3】　図 5.5 の回路の動作を説明せよ。

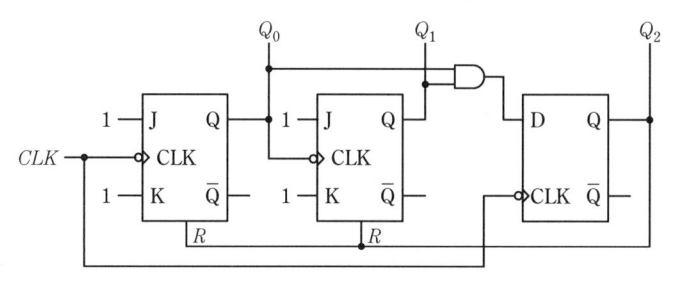

図 5.5　確実な動作が得られる非同期式 5 進カウンタ

5. 順序回路の動作（解析）

【解答例】　この回路は，JK-FF 2個と D-FF 1個から構成されている．JK-FF の J, K 端子はすべて H にプルアップされており，T-FF として動作する．リセットの掛け方が図 5.3 の回路と異なっている．

この動作を**図 5.6** に示す．

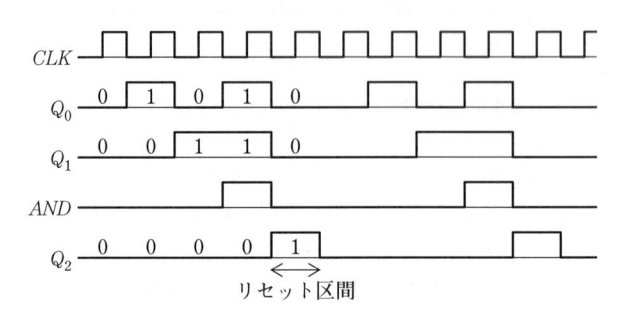

```
CLK ──┐ ┌─┐ ┌─┐ ┌─┐ ┌─┐ ┌─┐ ┌─┐ ┌─┐ ┌─┐ ┌─
$Q_0$   0   1   0   1   0           0   1
$Q_1$   0   0   1   1   0           0   0
AND
$Q_2$   0   0   0   0   1           0   0
              ←→
            リセット区間
```

図 5.6　確実な動作が得られる非同期式 5 進カウンタの
　　　　タイムチャート

二つの JK-FF（T-FF の動作）は，2 ビット（4 進）カウンタの動作を示す．$Q_0 = Q_1 = 1$ で，AND 出力が 1 となる．この回路では，リセットを掛けるための信号を D-FF で生成している．AND 出力（D 入力）が H で CLK の立下りにおいて Q_2 が H となる．Q_2 が H となった時点で，JK-FF がリセットされ，それらの出力が共に L となる．

D-FF を用いることで，1 クロック分（次のクロックの立下りまで），確実にリセットを掛けることができる．リセット区間終了後の次のクロックの立下りで Q_0 が H となり，再びカウントが開始される．

結果として，確実に動作する 5 進カウンタが構成できる．

～～～～～**補　足**～～～～～

ここで，非同期式回路の欠点について考える．非同期式カウンタを例にして，再度，非同期式回路の動きを考える．

この回路では，初段の FF にクロック信号が入力され，JK-FF の入出力間の遅延時間分だけ遅れて出力端子に信号が出力される．したがって，信号 Q_0 は，クロック信号に比べて，JK-FF 1 個分の時間遅延をもつ．

さて，Q_0 からの出力信号は，2 段目の JK-FF のクロックとなる．したがって，出力 Q_1 からの出力信号もまた，Q_0 に比べて JK-FF 1 個分の遅延がある．

その結果，Q_1 からの出力信号は，クロック信号に比べて，JK-FF 2 個分の遅延が生じる。

このように，非同期式カウンタでは，ビット数が多くなるほどクロック信号からの時間遅延が大きくなる。FF 1 個分の信号遅延時間はごく小さいものであるが，各ビットからの出力信号の論理演算を行うと，本来は出るはずのないパルスが発生する場合がある。これをハザードという。ハザードは，ときとして誤動作の原因となる。

このため，通常，順序回路は，第 6 章で述べるように，すべての FF に同一のクロック入力を与える同期式回路として設計される。

5.2 シフトレジスタ

フリップフロップ（FF）のような記憶回路を複数個縦続接続し，クロックパルスの入力ごとに各ビットの内容が隣の記憶回路に転送されるような回路をシフトレジスタ（shift register）と呼ぶ。この回路の動作を次の例と共に説明する。

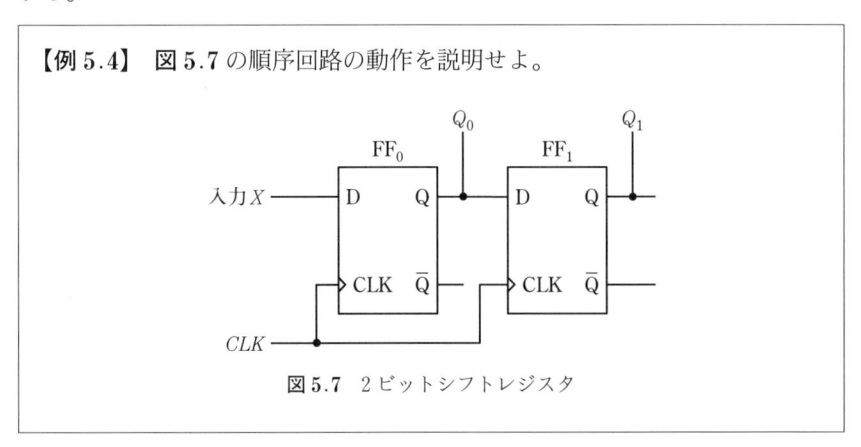

【例 5.4】 図 5.7 の順序回路の動作を説明せよ。

図 5.7 2 ビットシフトレジスタ

〚解答例〛 この回路は，アップエッジトリガ型 D-FF を 2 個つないだシフトレジスタである。クロック信号 CLK と D 入力 X が入力信号となっている。この入出力波形を図 5.8 に示す。

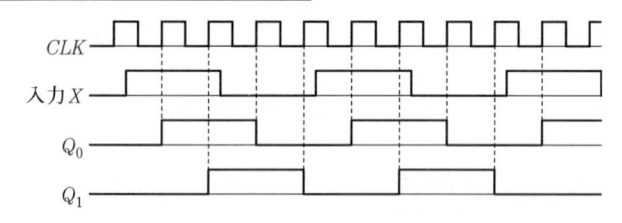

図5.8　2ビットシフトレジスタのタイムチャート

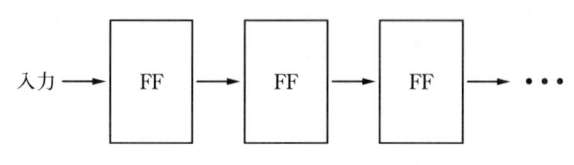

図5.9　シフトレジスタの構成

シフトレジスタとは，図5.9のようにいくつかのFFを縦続につなぎ合わせ，クロックの入力の度に各FFの出力状態（記憶内容）を1ビットずつ隣のFFに移動，すなわちシフトさせる回路である。

図5.7の2ビットシフトレジスタにおいて，最下位ビットFF_0に入力XとCLKが図5.8のように与えられているとする。D-FF（ここでは，アップエッジトリガなので，CLK信号の立上りエッジで動作する）は，クロック入力時のD入力Xの値がそのまま次状態となる。したがって，最初のクロックの立上りでは$X=L$であるから，$Q_0=L$である。二つ目のクロックの立上りでは$X=H$であるから，$Q_0=H$となる。その値は保持され，四つ目のクロックの立上りで$X=L$となっていることから，$Q_0=L$となる。

2段目のFF_1では，1段目の出力Q_0がD入力となり，同様の動作を示す。結果として，図5.8に示される動作となる。

シフトレジスタにおいて，最上位ビットの出力を最下位ビットにつなぐことにより，各FFが有する状態を環状に巡回させることができる。このような回路をリングカウンタ（ring counter）と呼ぶ。リングカウンタの動作を次の例と共に説明する。

5.3 リングカウンタ

【例 5.5】 図 5.10 の順序回路の動作を説明せよ。

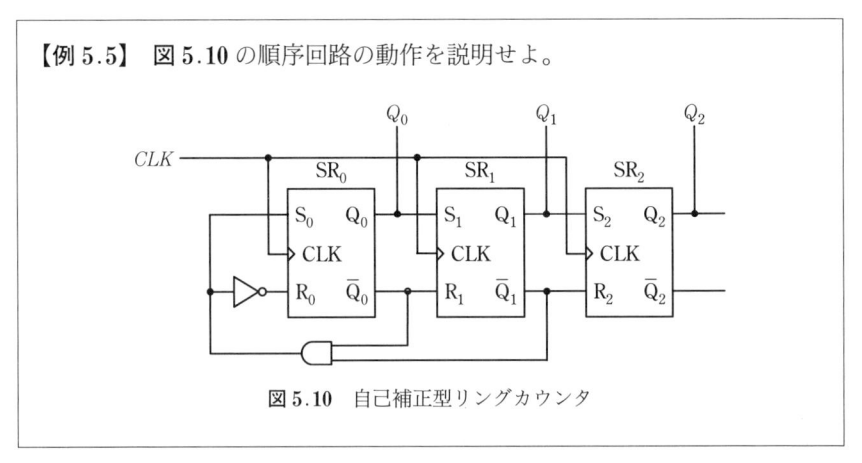

図 5.10 自己補正型リングカウンタ

〚**解答例**〛 この回路は自己補正型リングカウンタと呼ばれる。リングカウンタは，図 5.11 のような構成をとる。すなわち，例 5.4 で示したシフトレジスタの最上位ビットからの出力を最下位ビットの入力へ帰還した構成である。クロックが入力される度に 1 ビットずつ内容が巡回シフトされる。

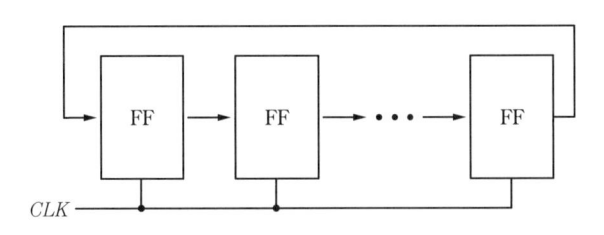

図 5.11 リングカウンタの構成

図 5.10 の回路動作について述べる。例えば，$(Q_0, Q_1, Q_2)=(0,0,0)$ と初期化された場合を考える。このときのクロックごとの状態遷移（state transition）を**表 5.1**に示す。

$CLK\ 0$（初期）で各 FF の出力状態は $(Q_0=S_1, Q_1=S_2, Q_2)=(0,0,0)$ であるから $(\overline{Q_0}=R_1, \overline{Q_1}=R_2, \overline{Q_2})=(1,1,1)$ である。したがって，AND の出力は $\overline{Q_0}\overline{Q_1}=S_0=1$，インバータの出力は $\overline{\overline{Q_0}\overline{Q_1}}=Q_0+Q_1=R_0=0$ である。すなわち，$(S_0, R_0)=(1,0)$，

5. 順序回路の動作（解析）

表 5.1 $(Q_0, Q_1, Q_2)=(0,0,0)$ と初期化された場合の状態遷移

CLK	$Q_0=S_1$	$Q_1=S_2$	Q_2	$\overline{Q_0}=R_1$	$\overline{Q_1}=R_2$	$\overline{Q_2}$	$\overline{Q_0}\overline{Q_1}=S_0$	$Q_0+Q_1=R_0$
0	0	0	0	1	1	1	1	0
1	1 (セット)	0	0	0	1	1	0	1
2	0	1	0	1	0	1	0	1
3	0	0	1	1	1	0	1	0
4	1	0	0	⋮	⋮	⋮	⋮	⋮
⋮	⋮	⋮	⋮					

$(S_1, R_1)=(0,1)$, $(S_2, R_2)=(0,1)$ となっている。それゆえ，次のクロック $CLK\,1$ の入力により，SR_0, SR_1, SR_2 は，それぞれ，セット，リセット，リセットされ，その結果，状態は $(0,0,0)$ から $(1,0,0)$ に遷移する。このとき，$(\overline{Q_0}=R_1, \overline{Q_1}=R_2, \overline{Q_2})=(0,1,1)$ である。AND の出力は $\overline{Q_0}\overline{Q_1}=S_0=0$，インバータの出力は $\overline{\overline{Q_0}\overline{Q_1}}=Q_0+Q_1=R_0=1$ となる。つまり，このとき，$(S_0, R_0)=(0,1)$, $(S_1, R_1)=(1,0)$, $(S_2, R_2)=(0,1)$ となっている。したがって，次のクロック $CLK\,2$ の入力により，SR_0, SR_1, SR_2 は，それぞれ，リセット，セット，リセットされ，状態 $(0,1,0)$ に遷移する。このとき，$(\overline{Q_0}=R_1, \overline{Q_1}=R_2, \overline{Q_2})=(1,0,1)$ である。AND の出力は $\overline{Q_0}\overline{Q_1}=S_0=0$，インバータの出力は $\overline{\overline{Q_0}\overline{Q_1}}=Q_0+Q_1=R_0=1$ となる。つまり，$(S_0, R_0)=(0,1)$, $(S_1, R_1)=(0,1)$, $(S_2, R_2)=(1,0)$ となる。したがって，次のクロック $CLK\,3$ の入力により，SR_0, SR_1, SR_2 は，それぞれ，リセット，リセット，セットされ，状態 $(0,0,1)$ に遷移する。

同様に考えると，以降，$(1,0,0) \to (0,1,0) \to (0,0,1)$ の遷移を繰り返すことがわかる。このようにして，リングカウンタの動きを解析できる。

以上から，このリングカウンタでは，主に $(1,0,0) \to (0,1,0) \to (0,0,1)$ の三つの状態の遷移を繰り返すことがわかった。3 ビットの回路であるから，3 個の FF のとりうる状態は合計で八つある。状態は，上記三つと $(0,0,0)$ 以外に四つの状態 $(0,1,1)$, $(1,0,1)$, $(1,1,0)$, $(1,1,1)$ が存在することになる。これらをすべて調べると図 5.12 の状態遷移図が得られる。

この図は，すべての初期状態に対して，クロックが入力される度にどのように状態を遷移するかを表現している。この回路は，初期状態が $(1,0,0)$, $(0,1,0)$, $(0,0,1)$ 以外の場合にもいくつかの状態を遷移して最終的に

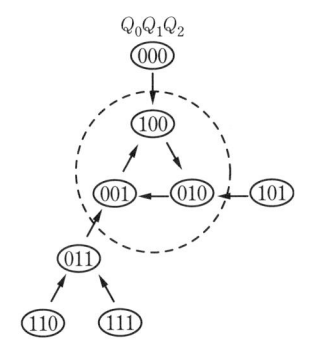

図5.12 自己補正型3ビットリングカウンタの状態遷移図

$(1,0,0)$, $(0,1,0)$, $(0,0,1)$ の状態に遷移するという意味で，自己補正型と呼ばれる．

5.4 ジョンソンカウンタ

【例5.6】 図5.13の順序回路の動作を説明せよ．

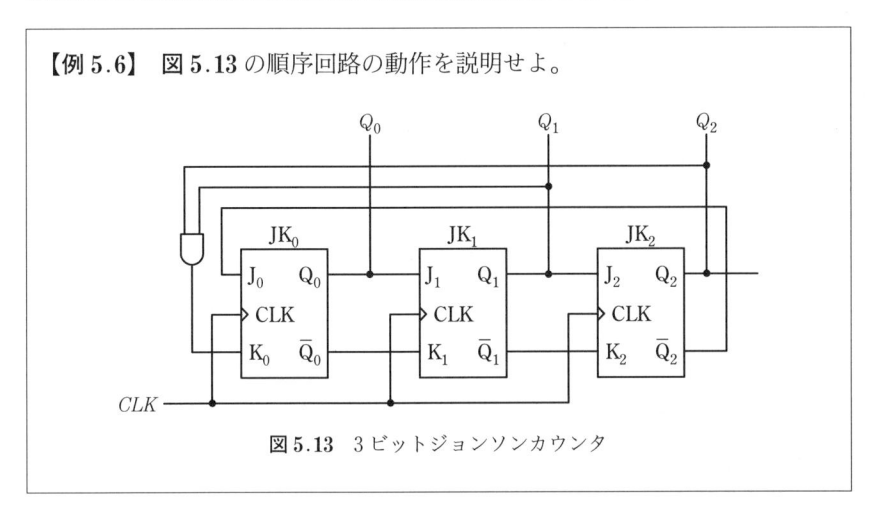

図5.13 3ビットジョンソンカウンタ

〚解答例〛 この回路は，ジョンソンカウンタ（Johnson counter）と呼ばれる．ジョンソンカウンタの構成を図5.14に示す．すなわち，リングカウンタの最上位ビットから最下位ビットへの帰還にNOT回路を一つ挿入することで構成される．

図5.13の回路の動作を調べる．3個のFFの初期状態を $(Q_0, Q_1, Q_2)=(0,1,0)$ と

5. 順序回路の動作（解析）

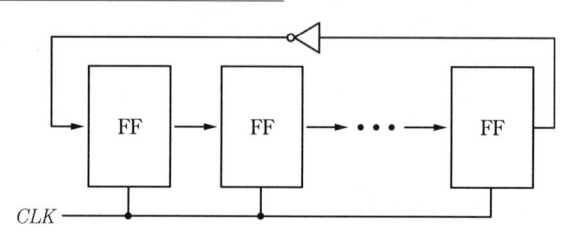

図5.14 ジョンソンカウンタの構成

する。このとき，$\bar{Q}_0=K_1=1$，$\bar{Q}_1=K_2=0$，$\bar{Q}_2=J_0=1$ である。ANDの出力は $Q_1Q_2=K_0=0$ であるから，この時点で，$(J_0, K_0)=(1, 0)$，$(J_1, K_1)=(0, 1)$，$(J_2, K_2)=(1, 0)$ となっている。JK-FFの特性から，クロック $CLK\,1$ の入力時に JK_0，JK_1，JK_2 の3個のFFは，それぞれ，セット，リセット，セットされる。すなわち，$(Q_0, Q_1, Q_2)=(0, 1, 0)$ から $(Q_0, Q_1, Q_2)=(1, 0, 1)$ に遷移する。このとき，$\bar{Q}_0=K_1=0$，$\bar{Q}_1=K_2=1$，$\bar{Q}_2=J_0=0$ である。ANDの出力は $Q_1Q_2=K_0=0$ である。すなわち，この時点で，$(J_0, K_0)=(0, 0)$，$(J_1, K_1)=(1, 0)$，$(J_2, K_2)=(0, 1)$ となる。したがって，次のクロック $CLK\,2$ の入力に伴い，JK_0，JK_1，JK_2 は，それぞれ，記憶，セット，リセット動作を行い，$(Q_0, Q_1, Q_2)=(1, 1, 0)$ となる。このとき，$\bar{Q}_0=K_1=0$，$\bar{Q}_1=K_2=0$，$\bar{Q}_2=J_0=1$ である。ANDの出力は $Q_1Q_2=K_0=0$ となる。したがって，次のクロック $CLK\,3$ で JK_0，JK_1，JK_2 は，それぞれ，セット，セット，セット動作を行い，$(Q_0, Q_1, Q_2)=(1, 1, 1)$ となる。

以下，同様に考えると，**表5.2** の状態遷移表が得られる。これは，**図5.15** の状態遷移図で表現される。

表5.2 3ビットジョンソンカウンタの状態遷移

CLK	$Q_0=J_1$	$Q_1=J_2$	Q_2	$\bar{Q}_0=K_1$	$\bar{Q}_1=K_2$	$\bar{Q}_2=J_0$	$Q_1Q_2=K_0$
0	0	1	0	1	0	1	0
1	1	0	1	0	1	0	0
2	1	1	0	0	0	1	0
3	1	1	1	0	0	0	1
4	0	1	1	1	0	0	1
5	0	0	1	1	1	0	0
6	0	0	0	1	1	1	0
7	1	0	0	0	1	1	0
8	1	1	0	0	0	1	0
⋮	⋮	⋮	⋮	⋮	⋮	⋮	⋮

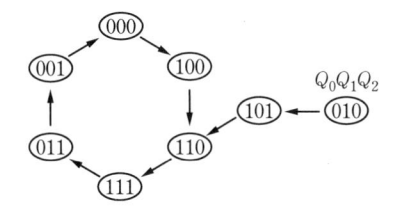

図 5.15　3 ビットジョンソンカウンタの状態遷移図

以上のように，各 FF の動作と組合せ回路の論理をクロックごとに考えることにより，順序回路の動作を解析できる。

6

順序回路の設計（合成）

 第4章でフリップフロップ（FF）について述べた後，第5章においてFFを用いた順序回路の動作解析について説明した．本章においては，主に，同期式順序回路の設計について述べる．

 一般的に，順序回路は組合せ回路と記憶回路（FF）から構成されており，FFの出力値（状態）が遷移する順序を自在に制御できる．組合せ回路部に対する入力信号があり，組合せ回路からの出力の一部はそのまま出力信号となる．また，出力信号の一部は，FFなどの記憶回路への入力信号となっている．記憶回路からの出力は，組合せ回路の入力信号となる．したがって，組合せ回路への入力は，記憶回路からの出力信号とその時刻での組合せ回路への外部入力から構成される．この組合せ回路のことを次状態デコーダと呼んでいる．また，出力部の組合せ回路のことを出力デコーダと呼ぶ．

 順序回路の設計は，主に，次状態デコーダを設計することに対応する．以下では，例を示しながら，順序回路の設計について述べる．

6.1　カウンタの設計

 順序回路は一般的に，先に示した図4.1のような構造になっており，組合せ回路は，次状態デコーダや出力デコーダから構成されている．

6.1 カウンタの設計

【例6.1】 同期式（並列）8進カウンタを設計せよ。

〖解答例〗 まず，8進カウンタの動作について整理する。8進カウンタは，10進数で $0 \to 1 \to 2 \to 3 \to 4 \to 5 \to 6 \to 7 \to 0 \to 1 \to \cdots$ と計数する回路であり，2進数では，$000 \to 001 \to 010 \to 011 \to 100 \to 101 \to 110 \to 111 \to 000 \to 001 \to \cdots$ と遷移する。図6.1に8進カウンタの状態遷移図を，表6.1に状態遷移表を示す。ここで，クロックが入る前の各FFの（出力）状態を Q_i^n，クロックが入った後の状態を Q_i^{n+1} で記す。$i=0, 1, 2$ は，FFの番号，すなわち，ビットを意味する。

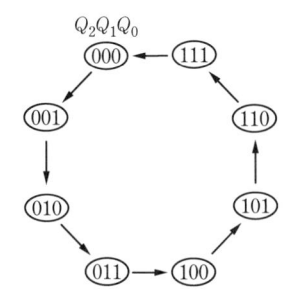

図6.1 同期式8進カウンタの状態遷移図

表6.1 8進カウンタの状態遷移表

Q_2^n	Q_1^n	Q_0^n	Q_2^{n+1}	Q_1^{n+1}	Q_0^{n+1}
0	0	0	0	0	1
0	0	1	0	1	0
0	1	0	0	1	1
0	1	1	1	0	0
1	0	0	1	0	1
1	0	1	1	1	0
1	1	0	1	1	1
1	1	1	0	0	0

8進カウンタは3ビットからなる。したがって，とりうる状態の数は $2^3(=8)$ 個であり，そのすべてにおいてクロックが入力されると1だけ加算される。すなわちクロック入力に従って，$0 \to 1 \to 2 \to \cdots \to 7 \to 0 \to \cdots$ と遷移する。

さて，この仕様を満足する回路（8進カウンタ）を設計する。ここでは，D-FFを用いた設計について述べる。状態遷移表は，$Q_2^n \sim Q_0^n$ の状態がこのようであるときにクロックが入力されると $Q_2^{n+1} \sim Q_0^{n+1}$ のように各FFの出力状態が遷移することを表している。このように遷移させるためには，各FFをどのようにしておけばよいかを考える。例えば，最下位ビット Q_0 の遷移について考える。D-FFは，クロックが入力されたときのD入力の値を出力の次状態 Q^{n+1} とする。したがって，クロック入力時にDが1であれば Q^{n+1} が1となり，0であれば0となる。すなわち，$D=Q_0^{n+1}$ である。

結果として，Q_0 に関する励起表は，表6.2のようになる。

表 6.2 出力 Q_0 に関する励起表

Q_0^n	Q_0^{n+1}	D_0
0	1	1
1	0	0
0	1	1
1	0	0
0	1	1
1	0	0
0	1	1
1	0	0

表 6.3 励起表を含んだ状態遷移表

Q_2^n	Q_1^n	Q_0^n	Q_2^{n+1}	Q_1^{n+1}	Q_0^{n+1}	D_2	D_1	D_0
0	0	0	0	0	1	0	0	1
0	0	1	0	1	0	0	1	0
0	1	0	0	1	1	0	1	1
0	1	1	1	0	0	1	0	0
1	0	0	1	0	1	1	0	1
1	0	1	1	1	0	1	1	0
1	1	0	1	1	1	1	1	1
1	1	1	0	0	0	0	0	0

同様にして,他のビットについての励起表を作成し,表 6.1 に付加すると,全体として**表 6.3**が得られる。

この表は,クロック信号が入力される前の状態が $Q_2^n \sim Q_0^n$ のとき $D_2 \sim D_0$ を表のようにしておけば,クロック入力後に $Q_2^{n+1} \sim Q_0^{n+1}$ に示される値に FF の状態が遷移することを意味している。

したがって,次状態デコーダの設計は,$Q_2^n \sim Q_0^n$ を 3 変数入力と考えたときの出力 $D_2 \sim D_0$ に関する組合せ回路の設計に相当する。

次に,この組合せ回路(次状態デコーダ)の設計について述べる。この設計は,第 3 章で述べた組合せ回路の設計に準じる。すなわち,3 入力 3 出力の組合せ回路の設計のために,各 D_i に関するカルノー図を作成する。ここで,入力変数はもちろん $Q_2^n \sim Q_0^n$ である。これを**図 6.2** に示す。

(a) D_2

	$\bar{Q}_0$		Q_0	
$\bar{Q}_2$	0	0	0	1
Q_2	1	1	1	0
	Q_1	$\bar{Q}_1$		Q_1

(b) D_1

1	0	1	0
1	0	1	0

(c) D_0

1	1	0	0
1	1	0	0

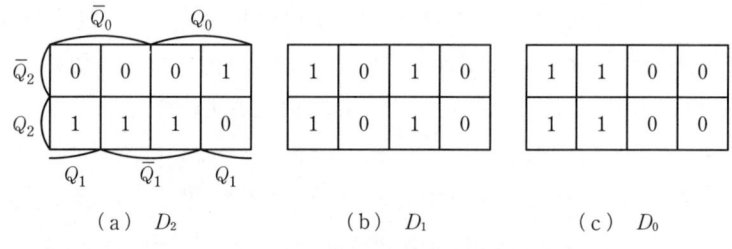

図 6.2 D-FF による 8 進カウンタの次状態デコーダのためのカルノー図

これより,ミニマルカバーを求めると

$$D_2 = \bar{Q}_0 Q_2 + Q_0 \bar{Q}_1 Q_2 + Q_0 Q_1 \bar{Q}_2 = \bar{Q}_0 Q_2 + Q_0 (Q_1 \oplus Q_2)$$

$D_1 = \overline{Q}_0 Q_1 + Q_0 \overline{Q}_1 = Q_0 \oplus Q_1$

$D_0 = \overline{Q}_0$

が求まる。したがって，3ビット8進カウンタの回路は，**図6.3**のようになる。

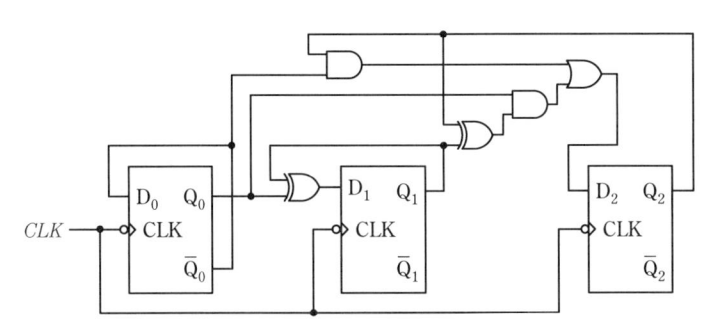

図6.3 D-FFによる同期式8進カウンタ

【**例6.2**】 JK-FFを用いた同期式8進カウンタを設計せよ。

〖解答例〗 例6.1と同じ論理動作の同期式8進カウンタをJK-FFにより設計する。状態遷移図と状態遷移表は，例6.1と同じである。JK-FFの励起表を**表6.4**に示す。**表6.5**にJK-FFの励起表を含んだ状態遷移表を示す。例えば，最下位ビット

表6.4 JK-FFの励起表

Q^n	Q^{n+1}	J	K	
0	0	0	ϕ	記憶かリセット
0	1	1	ϕ	反転かセット
1	0	ϕ	1	反転かリセット
1	1	ϕ	0	記憶かセット

表6.5 励起表を含んだ状態遷移表

Q_2^n	Q_1^n	Q_0^n	Q_2^{n+1}	Q_1^{n+1}	Q_0^{n+1}	J_2	K_2	J_1	K_1	J_0	K_0
0	0	0	0	0	1	0	ϕ	0	ϕ	1	ϕ
0	0	1	0	1	0	0	ϕ	1	ϕ	ϕ	1
0	1	0	0	1	1	0	ϕ	ϕ	0	1	ϕ
0	1	1	1	0	0	1	ϕ	ϕ	1	ϕ	1
1	0	0	1	0	1	ϕ	0	0	ϕ	1	ϕ
1	0	1	1	1	0	ϕ	0	1	ϕ	ϕ	1
1	1	0	1	1	1	ϕ	0	ϕ	0	1	ϕ
1	1	1	0	0	0	ϕ	1	ϕ	1	ϕ	1

の JK-FF の J，K 端子 J_0，K_0 に関する励起表について説明する。表 6.5 の 1 行目において，出力 Q_0 は，クロックの前後で 0 から 1 に遷移している。JK-FF の出力 Q_0 が 0 から 1 に遷移するには，反転機能またはセット機能を使う。したがって J，K 端子を (1, 1)＝反転，または (1, 0)＝セットにすればよい。結局，この場合には，$J=1$，$K=\phi$ とすればよいことがわかる。その他の遷移に関しても励起表に従う。

この状態遷移表は，クロック信号入力前の各 FF の出力 Q_2^n～Q_0^n に対して J_2～J_0，K_2～K_0 をこのようにしておけば，クロック入力後に各 FF の出力状態が Q_2^{n+1}～Q_0^{n+1} のように遷移することを表している。したがって，入力変数を Q_2^n，Q_1^n，Q_0^n とする 3 変数の J，K に対するカルノー図（**図 6.4**）を作成する。このことにより，次状態デコーダの論理関数が得られる。

カルノー図からそれぞれのミニマルカバーを求めるとそれぞれの関数

$$J_2=Q_0Q_1$$

$$K_2=Q_0Q_1$$

	$\bar{Q}_0$		Q_0	
$\bar{Q}_2$	0　ϕ	0　ϕ	0　ϕ	1　ϕ
Q_2	ϕ　0	ϕ　0	ϕ　0	ϕ　1
	Q_1	$\bar{Q}_1$		Q_1

（a）J_2，K_2

ϕ　0	0　ϕ	1　ϕ	ϕ　1
ϕ　0	0　ϕ	1　ϕ	ϕ　1

（b）J_1，K_1

1　ϕ	1　ϕ	ϕ　1	ϕ　1
1　ϕ	1　ϕ	ϕ　1	ϕ　1

（c）J_0，K_0

図 6.4　JK-FF による同期式 8 進カウンタの次状態デコーダのためのカルノー図

$J_1 = Q_0$

$K_1 = Q_0$

$J_0 = 1$

$K_0 = 1$

が得られる．したがって，JK-FF を用いた同期式 8 進カウンタは，**図 6.5** のようになる．

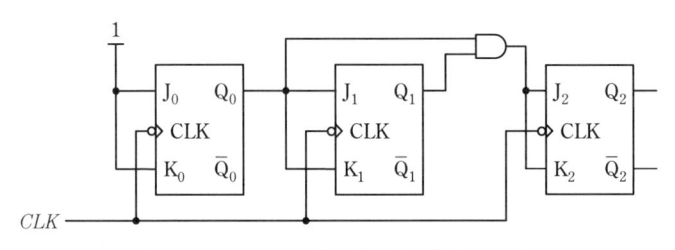

図 6.5　JK-FF による同期式 8 進カウンタ

――― **補　　足** ―――

　図 6.4 のカルノー図からの次状態デコーダの論理関数の導出は一意的ではない．この場合に重要なことは，論理関数が簡単化されるように，ϕ の値（0 か 1）を適切に選択することである．例えば，J_1 の論理において，ϕ の値をすべて 0 と考えると，$J_1 = Q_0 \bar{Q}_1$ となるが，$Q_0 Q_1 \bar{Q}_2$ および $Q_0 Q_1 Q_2$ の ϕ の値を 1 と考えることにより，$J_1 = Q_0$ と簡単化することが可能である．

【例 6.3】 SR-FF による同期式 8 進カウンタを設計せよ．

〚**解答例**〛 例 6.1，例 6.2 と同じ論理動作の 8 進カウンタを SR-FF を用いて設計することを考える．状態遷移図と状態遷移表は，例 6.1，例 6.2 と同じである．S，R に関する励起表を含めた状態遷移表を**表 6.6** に示す．

　Q_i^n から Q_i^{n+1} ($i = 0, 1, 2$) への遷移の仕方については，例 6.1 で説明した．S と R に関する励起表は，FF の現状態が (Q_2^n, Q_1^n, Q_0^n) であり，クロック入力があるとき，次状態が ($Q_2^{n+1}, Q_1^{n+1}, Q_0^{n+1}$) に遷移するためには $S_2 \sim S_0$ と $R_2 \sim R_0$ がどうなっていなければならないかということを表している．そこで，Q_2^n, Q_1^n, Q_0^n を入力変数として $S_2 \sim S_0$ と $R_2 \sim R_0$ に関するカルノー図を作成する．それぞれのカルノー図を**図**

表6.6 SR-FF による8進カウンタの状態遷移表

Q_2^n	Q_1^n	Q_0^n	Q_2^{n+1}	Q_1^{n+1}	Q_0^{n+1}	S_2	R_2	S_1	R_1	S_0	R_0
0	0	0	0	0	1	0	ϕ	0	ϕ	1	0
0	0	1	0	1	0	0	ϕ	1	0	0	1
0	1	0	0	1	1	0	ϕ	ϕ	0	1	0
0	1	1	1	0	0	1	0	0	1	0	1
1	0	0	1	0	1	ϕ	0	0	ϕ	1	0
1	0	1	1	1	0	ϕ	0	1	0	0	1
1	1	0	1	1	1	ϕ	0	ϕ	0	1	0
1	1	1	0	0	0	0	1	0	1	0	1

(a) S_2, R_2

	$\overline{Q}_0$				Q_0		
$\overline{Q}_2$	0	ϕ	0	ϕ	0	ϕ	1	0
Q_2	ϕ	0	ϕ	0	ϕ	0	0	1

Q_1 $\overline{Q}_1$ Q_1

(a) S_2, R_2

ϕ	0	0	ϕ	1	0	0	1
ϕ	0	0	ϕ	1	0	0	1

(b) S_1, R_1

1	0	1	0	0	1	0	1
1	0	1	0	0	1	0	1

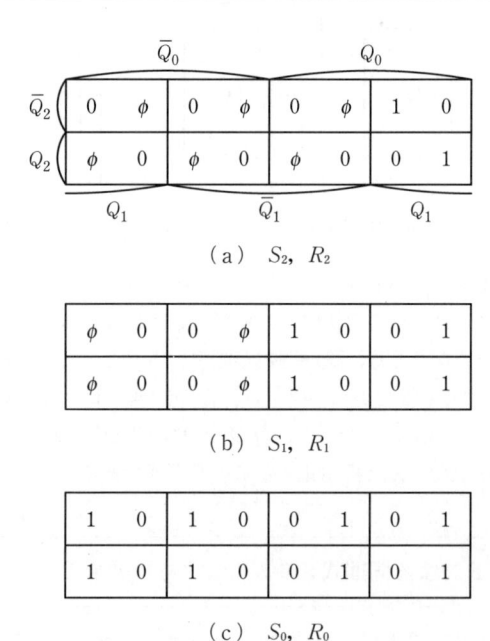

(c) S_0, R_0

図6.6 SR-FF による同期式8進カウンタの次状態デコーダのためのカルノー図

6.6 に示す。

カルノー図からミニマルカバーを求めると次状態デコーダの論理関数

$S_2 = Q_0 Q_1 \overline{Q}_2$

$R_2 = Q_0 Q_1 Q_2$

$S_1 = Q_0 \overline{Q}_1$

$R_1 = Q_0 Q_1$

$S_0 = \overline{Q_0}$

$R_0 = Q_0$

が得られる．これから，SR-FF を用いた同期式 8 進カウンタの回路図が図 6.7 のように求まる．

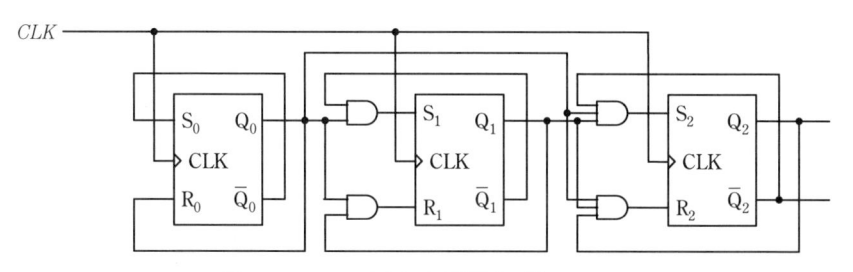

図 6.7 SR-FF を用いた同期式 8 進カウンタ

補足

例 6.2 の補足でも述べたように，カルノー図から導出される次状態デコーダの論理関数は一意的ではない．この例では，$S_2 = Q_0 Q_1 \overline{Q_2}$，$R_2 = Q_0 Q_1 Q_2$ となっているが，例えば，S_2，R_2 に関して，$Q_0 \overline{Q_1} Q_2$ の ϕ と $Q_0 \overline{Q_1} \overline{Q_2}$ の ϕ を 1 と考えれば

$$S_2 = Q_0 Q_1 \overline{Q_2} + Q_0 \overline{Q_1} Q_2 = Q_0(Q_1 \overline{Q_2} + \overline{Q_1} Q_2) = Q_0(Q_1 \oplus Q_2)$$
$$R_2 = Q_0 Q_1 Q_2 + Q_0 \overline{Q_1} \overline{Q_2} = Q_0(Q_1 Q_2 + \overline{Q_1} \overline{Q_2}) = Q_0(\overline{Q_1 \oplus Q_2})$$

と関数を作ることもできる．

6.2 シフトレジスタの設計

【例 6.4】 同期式 2 ビットシフトレジスタを D-FF で設計せよ．

〚解答例〛 ここで，2 ビットのうち，下位ビットの D-FF の現状態を Q_0^n，上位ビットの現状態を Q_1^n，シフトレジスタへの入力を X（入力は下位ビットからのシリアル入力）とする．クロック入力後の下位，上位ビットの次状態を Q_0^{n+1}，Q_1^{n+1} とする．シフトレジスタは，クロックに従って，各 FF の（出力）状態が 1 ビットずつシ

フトする回路であるから，クロック入力ごとに入力 X が下位ビットの（出力）状態 Q_0^{n+1} となり，Q_0^n が上位ビットの（出力）状態 Q_1^{n+1} となる。したがって，クロック入力後に

$$Q_0^{n+1} = X$$

$$Q_1^{n+1} = Q_0^n$$

となる。このことから，2 ビットシフトレジスタの状態遷移図が**図 6.8** のように求まる。これをもとに状態遷移表が**表 6.7** のように作成される。図 6.8 において，矢印に付けられている数字 (0, 1) は，入力 X の値である。

図 6.8 2 ビットシフトレジスタの状態遷移図

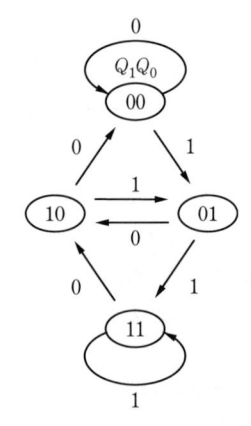

表 6.7 D-FF による 2 ビットシフトレジスタの状態遷移表

Q_1^n	Q_0^n	X	Q_1^{n+1}	Q_0^{n+1}	D_1	D_0
0	0	0	0	0	0	0
0	0	1	0	1	0	1
0	1	0	1	0	1	0
0	1	1	1	1	1	1
1	0	0	0	0	0	0
1	0	1	0	1	0	1
1	1	0	1	0	1	0
1	1	1	1	1	1	1

D-FF では，クロック入力時の D 入力がそのまま次状態となることから

$$D_1 = Q_1^{n+1}$$

$$D_0 = Q_0^{n+1}$$

である。結果として，状態遷移表は，Q_1^n, Q_0^n, X が決まったとき D_1, D_0 を表のように制御しておけば，クロック入力後の次状態 Q_1^{n+1}, Q_0^{n+1} が状態遷移図のように動作することを示している。したがって，Q_1^n, Q_0^n, X が表 6.7 のように与えられたとき，D_1, D_0 を表 6.7 に示されるように生成する組合せ回路（次状態デコーダ）を設計する問題に帰着される。Q_1^n, Q_0^n, X を入力変数とする D_1, D_0 のカルノー図を作成する。このカルノー図を**図 6.9** に示す。

	$\overline{Q_0}$		Q_0	
$\overline{X}$	0	0	0	0
X	1	1	1	1
	Q_1	$\overline{Q_1}$		Q_1

(a) D_0

0	0	1	1
0	0	1	1

(b) D_1

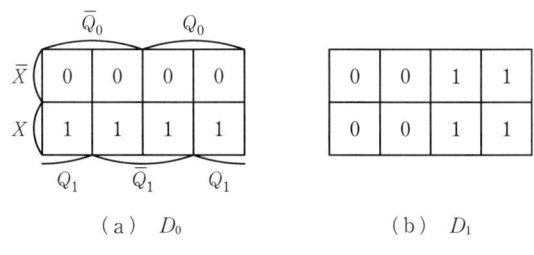

図 6.9 D-FF で 2 ビットシフトレジスタを構成する場合の次状態デコーダのためのカルノー図

カルノー図からミニマルカバーを求めると，次状態デコーダの論理関数が

$$D_0 = X$$
$$D_1 = Q_0$$

であることがわかる．これより，D-FF による 2 ビットシフトレジスタの回路図が**図 6.10** のように求まる．

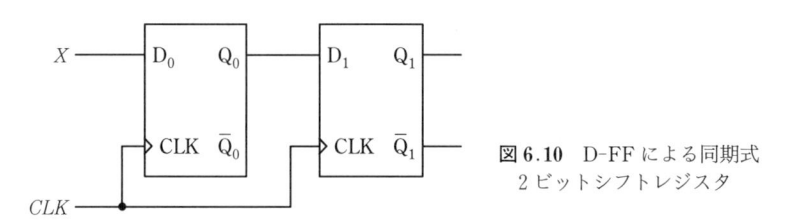

図 6.10 D-FF による同期式 2 ビットシフトレジスタ

~~~~~ 補　足 ~~~~~

例 6.4 におけるシフトレジスタは，例 5.4 の回路と同じである．図 5.7 と図 6.10 は全く同一の回路となっている．これら二つの例題を通して，順序回路が与えられた場合の解析方法と仕様（状態遷移図または状態遷移表）が与えられた場合の設計方法に精通してもらいたい．

【例 6.5】 同期式 2 ビットシフトレジスタを JK-FF で設計せよ．

〖**解答例**〗 状態遷移図は図 6.8 と同じである．これから，状態遷移表と励起表が**表 6.8** のように求まる．

次に，Q_1^n，Q_0^n，X を入力変数として，J_1，K_1，J_0，K_0 に関するカルノー図を作成する．このカルノー図を**図 6.11** に示す．

6. 順序回路の設計（合成）

表 6.8 JK-FF による 2 ビットシフト
レジスタの状態遷移表

Q_1^n	Q_0^n	X	Q_1^{n+1}	Q_0^{n+1}	J_1	K_1	J_0	K_0
0	0	0	0	0	0	ϕ	0	ϕ
0	0	1	0	1	0	ϕ	1	ϕ
0	1	0	1	0	1	ϕ	ϕ	1
0	1	1	1	1	1	ϕ	ϕ	0
1	0	0	0	0	ϕ	1	0	ϕ
1	0	1	0	1	ϕ	1	1	ϕ
1	1	0	1	0	ϕ	0	ϕ	1
1	1	1	1	1	ϕ	0	ϕ	0

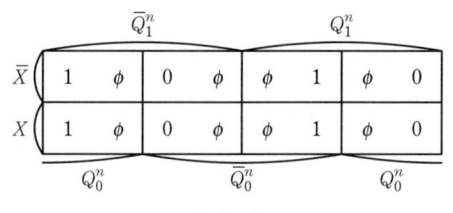

	$\overline{Q_1^n}$				Q_1^n		
$\overline{X}$	1	ϕ	0	ϕ	ϕ	1	ϕ	0
X	1	ϕ	0	ϕ	ϕ	1	ϕ	0
	Q_0^n		$\overline{Q_0^n}$			Q_0^n	

（a） $J_1 K_1$

ϕ	1	0	ϕ	0	ϕ	ϕ	1
ϕ	0	1	ϕ	1	ϕ	ϕ	0

（b） $J_0 K_0$

図 6.11 JK-FF で 2 ビットシフトレジスタを
構成する場合のカルノー図

カルノー図からミニマルカバーを求めると

$J_1 = Q_0^n$

$K_1 = \overline{Q_0^n}$

$J_0 = X$

$K_0 = \overline{X}$

が得られる．これらより，JK-FF による 2 ビットシフトレジスタの回路が図 6.12 のように求まる．

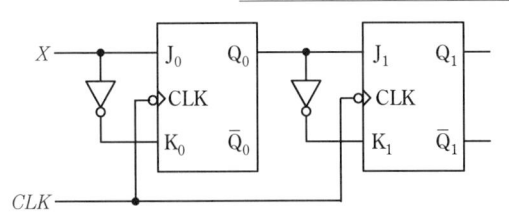

6.2 シフトレジスタの設計   109

図 6.12　JK-FF による 2 ビットシフトレジスタ

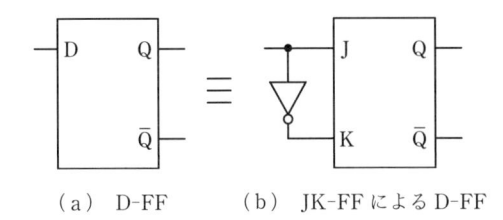

~~~ 補　足 ~~~

ここで，図 6.10 と図 6.12 を比較する。

図 6.13 に示すように JK-FF とインバータ 1 個で D-FF が構成できることがわかる。このことは，例 4.22 の結果と一致している。

（a）D-FF　　（b）JK-FF による D-FF

図 6.13　図 6.10 と図 6.12 の D-FF 部の比較

第 4 章において，FF の相互変換について述べた。4.6 節では，二つの異なる FF の励起表をもとにして，変換のための回路図を導出した。次の例では，カルノー図上で直接変換する方法について述べる。

【例 6.6】 例 6.4 で作成した D-FF によるシフトレジスタのカルノー図（図 6.9）を JK-FF 用に書き換えよ。

〖解答例〗　図 6.9(a) の D_0 に関するカルノー図を J_0, K_0 に関するカルノー図に変換することを考える。このことを **図 6.14** を用いて説明する。いま，D-FF について考えているから，D_0 に関するカルノー図内の 0, 1 は FF の次状態 Q_0 と一致する。また，カルノー図上の各升目は現状態を意味している。例えば，D_0 に関するマップ上で左側の四つの升目は $\overline{Q_0}$，すなわち現状態が 0 であり，右側の四つの升目は Q_0，すなわち現状態が 1 であることを示している。

6. 順序回路の設計（合成）

```
         Q̄₀              Q₀
   ┌──────┬──────┬──────┬──────┐
X̄  │  0   │  0   │  0   │  0   │
   ├──────┼──────┼──────┼──────┤
X  │  1   │  1   │  1   │  1   │
   └──────┴──────┴──────┴──────┘
      Q₁     Q̄₁     Q̄₁     Q₁
```
①は左上、②は左下、③は右上、④は右下を指す。

（a）D_0

⇓

0	ϕ	0	ϕ	ϕ	1	ϕ	1
1	ϕ	1	ϕ	ϕ	0	ϕ	0

（b）$J_0 K_0$

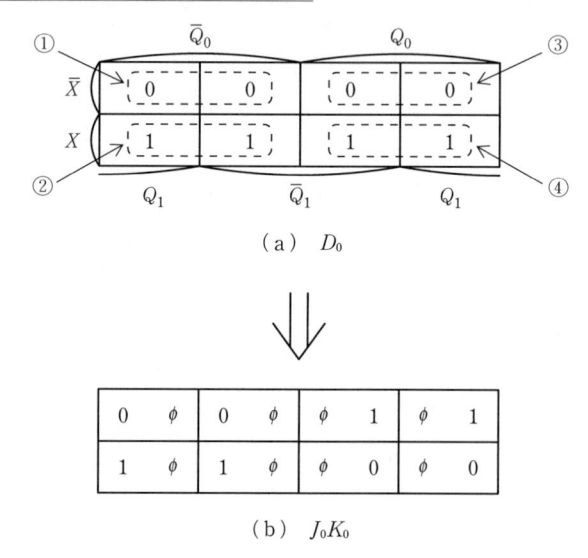

図 6.14 カルノー図上での FF の相互変換（$D_0 \rightarrow J_0 K_0$）

①は，$\bar{Q}_0$ の部分にあり，升目内に 0 があるから，出力 Q_0 の値が 0 から 0 に遷移することを意味している．したがって，これを JK-FF で実現するためには，記憶（$J=0, K=0$）かリセット（$J=0, K=1$）すればよく，結局，$J=0$，$K=\phi$ とすればよい．

②は，$\bar{Q}_0$ の部分にあり，升目内に 1 があるから，出力 Q_0 の値が 0 から 1 に遷移することを意味している．したがって，これを JK-FF で実現するためには，反転（$J=1, K=1$）かセット（$J=1, K=0$）すればよく，結局，$J=1$，$K=\phi$ とすればよい．

③は，Q_0 の部分にあり，升目内に 0 があるから，出力 Q_0 の値が 1 から 0 に遷移することを意味している．したがって，これを JK-FF で実現するためには，反転（$J=1, K=1$）かリセット（$J=0, K=1$）すればよく，結局，$J=\phi$，$K=1$ とすればよい．

④は，Q_0 の部分にあり，升目内に 1 があるから，出力 Q_0 の値が 1 から 1 に遷移することを意味している．したがって，これを JK-FF で実現するためには，記憶（$J=0, K=0$）かセット（$J=1, K=0$）すればよく，結局，$J=\phi$，$K=0$ とすればよい．

結果として，図 6.14（b）のカルノー図が得られる．このカルノー図からミニマル

カバーを求めると

$J_0 = X$

$K_0 = \overline{X}$

が導ける。

D_1 のカルノー図についても同様に考えることができる。この場合，2ビット目のFFを扱っているから，Q_1 と $\overline{Q_1}$ に注目して考えることになる。このことに注意して，D_0 から $J_0 K_0$ への変換と同様に考えることで，図 **6.15**(a) から同図(b)のカルノー図が得られる。

ミニマルカバーを考えることで

$J_1 = Q_0$

$K_1 = \overline{Q_0}$

が得られる。

以上のことから，図 6.12 と同じ回路を求めることができる。

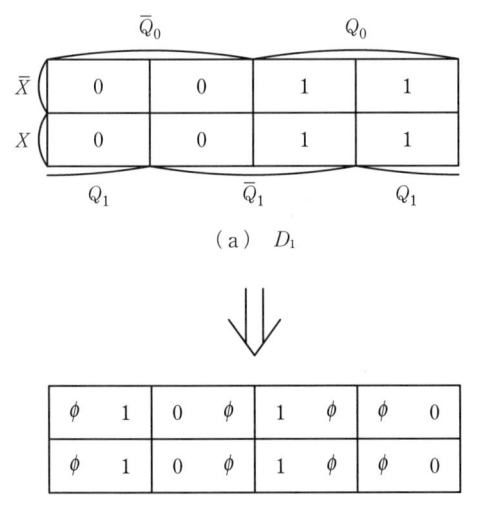

	$\overline{Q_0}$		Q_0	
$\overline{X}$	0	0	1	1
X	0	0	1	1
	Q_1	$\overline{Q_1}$		Q_1

(a) D_1

⇓

ϕ	1	0	ϕ	1	ϕ	ϕ	0
ϕ	1	0	ϕ	1	ϕ	ϕ	0

(b) $J_1 K_1$

図 **6.15** カルノー図上での FF の相互変換 ($D_1 \rightarrow J_1 K_1$)

6.3 リングカウンタの設計

シフトレジスタの最上位ビットの出力を最下位ビットの入力に接続し，フリップフロップ(FF)の出力状態がクロックパルスの印加ごとに巡回シフトするような回路をリングカウンタと呼ぶことは例 5.5 で述べた．例えば，3 ビットリングカウンタでは状態が $100 \rightarrow 010 \rightarrow 001 \rightarrow 100 \rightarrow \cdots$ のように巡回シフトを繰り返す．3 ビット（FF 3 個）からなる回路では，当然，$2^3(=8)$ 個の状態が存在するので，ほかに五つの状態をとりうる．これらの状態が初期状態として与えられた場合は，クロックごとに遷移し続け，やがて (100)，(010) または (011) に遷移する．その後は，これら三つの状態をリング状に遷移する．このようなリングカウンタのことを自己補正型リングカウンタと呼ぶ．

【例 6.7】 図 6.16 の状態遷移を行う自己補正型 3 ビットリングカウンタを SR-FF を用いて設計せよ．

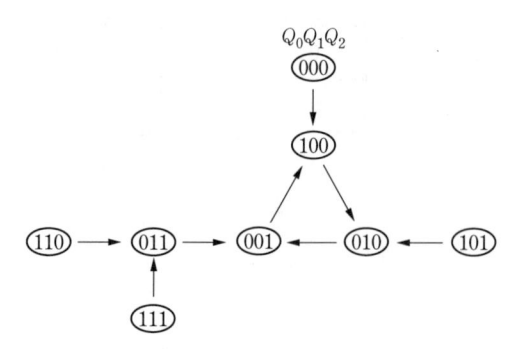

図 6.16 自己補正型 3 ビットリングカウンタの状態遷移図

〖解答例〗 ここでは，与えられた状態遷移図（回路の仕様）から回路を設計することを考える．状態遷移図から状態遷移表を作成する．また，この遷移に必要な各 SR-FF の励起表を付け加えることで，**表 6.9** が得られる．

この表は，クロック入力時に各 FF の SR 端子 (S_0, R_0, S_1, R_1, S_2, R_2) に示されるような値が入力されていれば，Q_0^n, Q_1^n, Q_2^n から Q_0^{n+1}, Q_1^{n+1}, Q_2^{n+1} に出力値が遷移す

6.3 リングカウンタの設計   113

表 6.9 SR-FF による 3 ビットリングカウンタの状態遷移表

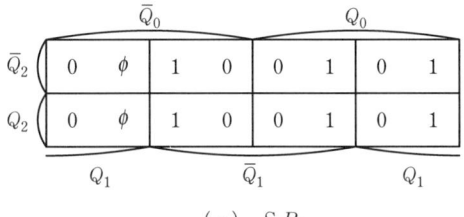

Q_0^n	Q_1^n	Q_2^n	Q_0^{n+1}	Q_1^{n+1}	Q_2^{n+1}	S_0	R_0	S_1	R_1	S_2	R_2
0	0	0	1	0	0	1	0	0	ϕ	0	ϕ
0	0	1	1	0	0	1	0	0	ϕ	0	1
0	1	0	0	0	1	0	ϕ	0	1	1	0
0	1	1	0	0	1	0	ϕ	0	1	ϕ	0
1	0	0	0	1	0	0	1	1	0	0	ϕ
1	0	1	0	1	0	0	1	1	0	0	1
1	1	0	0	1	1	0	1	ϕ	0	1	0
1	1	1	0	1	1	0	1	ϕ	0	ϕ	0

(a) $S_0 R_0$

(b) $S_1 R_1$

(c) $S_2 R_2$

図 6.17 SR-FF による 3 ビットリングカウンタの
次状態デコーダ設計のためのカルノー図

ることを表している。そこで，SR に関するカルノー図（**図 6.17**）を作成する。

カルノー図から各 FF の SR 端子の次状態デコーダに関するミニマルカバーを求めると

$S_0 = \overline{Q_0}\,\overline{Q_1}$

$R_0 = Q_0$

$S_1 = Q_0$

6. 順序回路の設計（合成）

$R_1 = \bar{Q}_0$

$S_2 = Q_1$

$R_2 = \bar{Q}_1$

が得られる。したがって，最終的に，図 6.18 の回路が得られる。

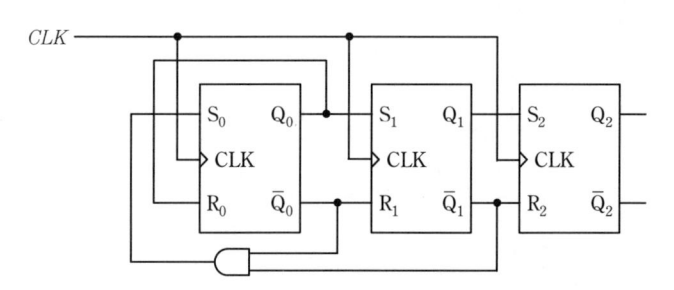

図 6.18 SR-FF による自己補正型 3 ビットリングカウンタ

> **補足**
>
> この回路は例 5.5 の回路と同じである。図 5.10 と図 6.18 を比較すると，S_0，S_1，R_1，S_2，R_2 が同じで，R_0 が違っている。しかしながら，図 6.17（a）の $S_0 R_0$ のカルノー図上で φ を 1 と考えると，論理関数は $R_0 = Q_0 + Q_1$ でもよいことがわかる。例 5.5 では
>
> $R_0 = \overline{\bar{Q}_0 \bar{Q}_1}$
> $\quad = \overline{\bar{Q}} + \overline{\bar{Q}}$ （ド・モルガンの定理より）
> $\quad = Q_0 + Q_1$
>
> となり，論理関数が一致していることがわかる。このようにデコーダの関数を作れば，図 5.10 と図 6.18 の回路が全く同じであることが理解できる。

【**例 6.8**】 例 6.7 と同じ動作の回路を D-FF を用いて設計せよ。

〚**解答例**〛 状態遷移図は例 6.7 と同じである。これから D-FF の励起表を含む状態遷移表を**表 6.10** のように作成する。

次に，この状態遷移表から次状態デコーダのカルノー図（**図 6.19**）を作成する。

カルノー図からミニマルカバーを求めると

$D_0 = \bar{Q}_0 \bar{Q}_1$

$D_1 = Q_0$

表 6.10　D-FF による自己補正型 3 ビット
リングカウンタの状態遷移表

Q_0^n	Q_1^n	Q_2^n	Q_0^{n+1}	Q_1^{n+1}	Q_2^{n+1}	D_0	D_1	D_2
0	0	0	1	0	0	1	0	0
0	0	1	1	0	0	1	0	0
0	1	0	0	0	1	0	0	1
0	1	1	0	0	1	0	0	1
1	0	0	0	1	0	0	1	0
1	0	1	0	1	0	0	1	0
1	1	0	0	1	1	0	1	1
1	1	1	0	1	1	0	1	1

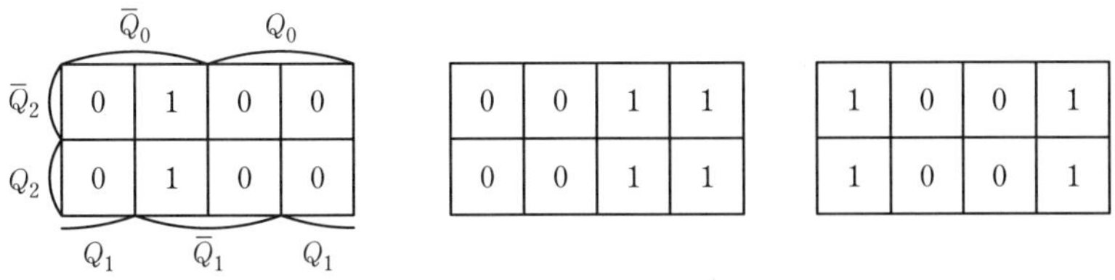

（a）D_0　　　（b）D_1　　　（c）D_2

図 6.19　D-FF による自己補正型 3 ビットリングカウンタの
次状態デコーダのためのカルノー図

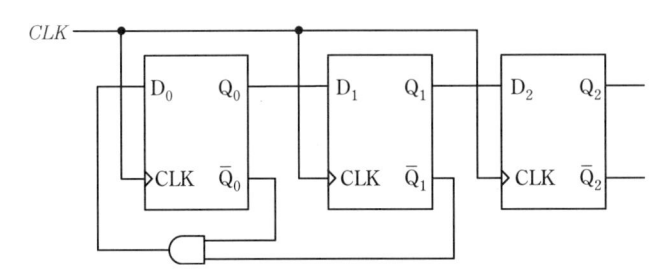

図 6.20　D-FF による自己補正型 3 ビットリングカウンタ

$D_2 = Q_1$

が得られる。結果として**図 6.20** の回路図が得られる。

6.4　ジョンソンカウンタの設計

リングカウンタのように，シフトレジスタの最上位ビットの出力を最下位ビ

ットの入力に接続するとき，インバータを挿入し，最上位ビットからの反転信号を最下位ビットの入力としたものをジョンソンカウンタと呼ぶことを5.4節で述べた。

このカウンタは，ツイステッドリングカウンタ（twisted ring counter）とも呼ばれる。

本節では，ジョンソンカウンタの設計について説明する。

【例6.9】 図6.21の状態遷移を行うジョンソンカウンタをJK-FFを用いて設計せよ。

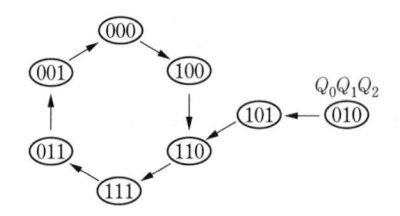

図6.21　3ビットジョンソンカウンタの状態遷移図

〖解答例〗　この状態遷移図から状態遷移表を作成し，さらに，各JK-FFのJ, K端子への励起表を付け加えると**表6.11**が得られる。

表6.11　JK-FFによるジョンソンカウンタの状態遷移表

Q_0^n	Q_1^n	Q_2^n	Q_0^{n+1}	Q_1^{n+1}	Q_2^{n+1}	J_0	K_0	J_1	K_1	J_2	K_2
0	0	0	1	0	0	1	ϕ	0	ϕ	0	ϕ
0	0	1	0	0	0	0	ϕ	0	ϕ	ϕ	1
0	1	0	1	0	1	1	ϕ	ϕ	1	1	ϕ
0	1	1	0	0	1	0	ϕ	ϕ	1	ϕ	0
1	0	0	1	1	0	ϕ	0	1	ϕ	0	ϕ
1	0	1	1	1	0	ϕ	0	1	ϕ	ϕ	1
1	1	0	1	1	1	ϕ	0	ϕ	0	1	ϕ
1	1	1	0	1	1	ϕ	1	ϕ	0	ϕ	0

この状態遷移表からジョンソンカウンタの次状態デコーダのためのカルノー図を作成すると**図6.22**が得られる。

カルノー図から次状態デコーダの論理関数は以下のように求まる。

$J_0 = \bar{Q}_2$

6.4 ジョンソンカウンタの設計

	$\overline{Q}_0$				Q_0		
$\overline{Q}_2$	1	ϕ	1	ϕ	ϕ	0	ϕ	0
Q_2	0	ϕ	0	ϕ	ϕ	0	ϕ	1
	Q_1		$\overline{Q}_1$			Q_1	

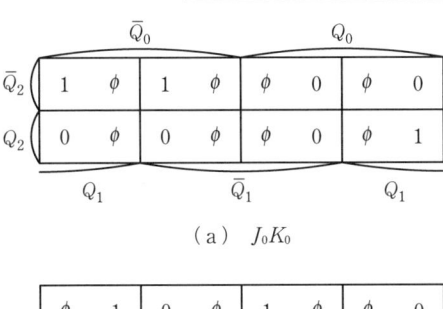

(a) $J_0 K_0$

ϕ	1	0	ϕ	1	ϕ	ϕ	0
ϕ	1	0	ϕ	1	ϕ	ϕ	0

(b) $J_1 K_1$

1	ϕ	0	ϕ	0	ϕ	1	ϕ
ϕ	0	ϕ	1	ϕ	1	ϕ	0

(c) $J_2 K_2$

図 6.22 3 ビットジョンソンカウンタの次状態デコーダのためのカルノー図

$K_0 = Q_1 Q_2$

$J_1 = Q_0$

$K_1 = \overline{Q}_0$

$J_2 = Q_1$

$K_2 = \overline{Q}_1$

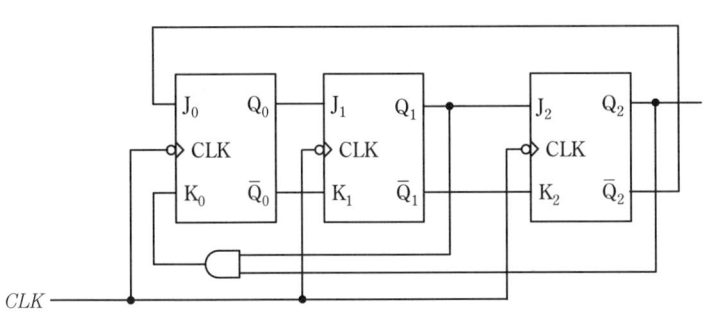

図 6.23 JK-FF による 3 ビットジョンソンカウンタ

118　6．順序回路の設計（合成）

このことから3ビットジョンソンカウンタの回路が図6.23のように導ける。

――― 補　足 ―――
　例6.9の回路も例5.6の回路と同じである。例5.6では、回路が与えられた場合の動作解析を行っているのに対し、例6.9では、仕様が与えられたときの設計方法について述べている。両者を比較しながらより一層の理解をしてもらいたい。

6.5　その他の設計例

　本章では、カウンタやシフトレジスタなどの定形型順序回路の設計について説明してきた。これまでの例を通して、状態遷移図が設計仕様として与えられれば、それに従った状態遷移表が求まり、それから次状態デコーダの設計が行えることが理解できよう。本節では、定形型でない順序回路の設計例を示す。

【例6.10】　図6.24の状態遷移図に従う順序回路をSR-FFを用いて設計せよ。

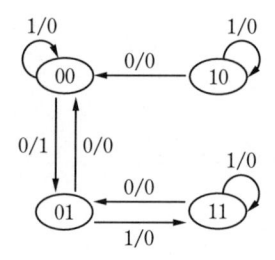

図6.24　状態遷移図

〔解答例〕　この状態遷移図には、各状態での入力と出力が示されている。例えば、1/0は、入力が1で、そのときの出力が0であることを示している。したがって、この順序回路では、出力デコーダの設計も必要となる。状態遷移図をもとに状態遷移表（**表6.12**）を作成し、各FFのS, Rに関する励起表を付け加える。また、出力Zについての列を設ける。

　この状態遷移表から図6.25のS, Rに関するカルノー図が得られる。

6.5 その他の設計例

表 6.12 状態遷移図から得られる状態遷移表

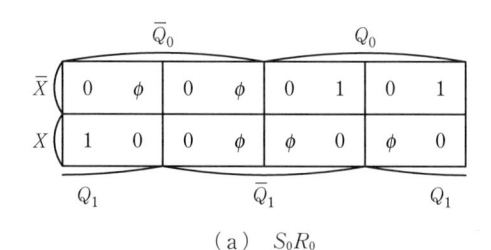

Q_0^n	Q_1^n	X	Q_0^{n+1}	Q_1^{n+1}	Z	S_0	R_0	S_1	R_1
0	0	0	0	1	1	0	ϕ	1	0
0	0	1	0	0	0	0	ϕ	0	ϕ
0	1	0	0	0	0	0	ϕ	0	1
0	1	1	1	1	0	1	0	ϕ	0
1	0	0	0	0	0	0	1	0	ϕ
1	0	1	1	0	0	ϕ	0	0	ϕ
1	1	0	0	1	0	0	1	ϕ	0
1	1	1	1	1	0	ϕ	0	ϕ	0

	$\overline{Q}_0$				Q_0		
$\overline{X}$	0	ϕ	0	ϕ	0	1	0	1
X	1	0	0	ϕ	ϕ	0	ϕ	0
	Q_1		$\overline{Q}_1$				Q_1

(a) $S_0 R_0$

0	1	1	0	0	ϕ	ϕ	0
ϕ	0	0	ϕ	0	ϕ	ϕ	0

(b) $S_1 R_1$

図 6.25 状態遷移表から得られるカルノー図

カルノー図からミニマルカバーを求めると，S，R に関する論理関数

$S_0 = X Q_1$

$R_0 = \overline{X}$

$S_1 = \overline{X} \overline{Q}_0 \overline{Q}_1$

$R_1 = \overline{X} \overline{Q}_0 Q_1$

が求まる。

一方，出力デコーダを設計するために，出力 Z についてのカルノー図を作成する。このカルノー図を**図 6.26** に示す。

カルノー図から，出力デコーダの論理関数

$Z = \overline{X} \overline{Q}_0 \overline{Q}_1$

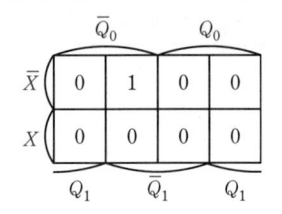

	$\overline{Q}_0$		Q_0	
$\overline{X}$	0	1	0	0
X	0	0	0	0
	Q_1	$\overline{Q}_1$	Q_1	

図 6.26 出力デコーダ設計のためのカルノー図

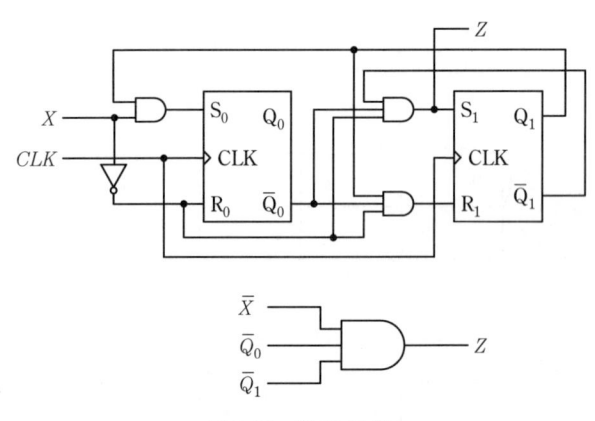

図 6.27 順 序 回 路

が求まる。

以上より，図 6.27 の順序回路が導ける。

~~~~~~ 補　　足 ~~~~~~

例 6.9 までは，出力デコーダを考えなかったのに対し，例 6.10 では，出力デコーダの論理関数を求めている。これは，例 6.1〜例 6.9 では，FF の出力がそのままその順序回路の出力であったのに対し，例 6.10 では，各出力状態に対する回路からの出力が指定されているためである。通常の回路では，その順序回路からの出力状態を利用して，他のディジタル回路を駆動させることが普通であり，出力デコーダを伴うことの方が一般的である。

7

記 憶 回 路

　これまで，第4章においてラッチとフリップフロップ（FF），第5章においてFFからなる順序回路の動作解析，第6章において順序回路の合成（設計）について述べてきた。

　これらの順序回路は，すべてFFと呼ばれる記憶回路の一種が含まれており，組合せ回路と区別される。

　大量の情報を記憶するためには，2値（0または1）を記憶する素子を配列状に配置し，情報をビットごとやワードごとに自由に書き込んだり，読み出したりできることが必要となる。これを実現するための回路が記憶（メモリ）回路である。

　メモリ回路には，大きく分けて，データの読出し専用のために用いるROMと，データの読み書きを自由に扱えるRAMがある。

　本章では，ROMおよびRAMについて説明する。

7.1　リードオンリーメモリ

　1ビットの記憶素子を2次元配列状に並べ，任意のメモリ素子に格納された情報を読み出す装置をリードオンリーメモリ（read only memory, ROM）と呼ぶ。

　情報は，製造時に入力される場合とユーザが入力する場合があるが，いずれの場合も，一度データを書き込むと，後から情報を更新することはできず，デ

一タを読み出すためだけに使用されることからこのように呼ばれる。

ROM が製造される過程でデータが書き込まれるものをマスク ROM（mask ROM）と呼び，ユーザが書き込むような使い方ができるものをプログラマブル ROM（programmable ROM，または PROM）と呼ぶ。

図 7.1 に nMOS トランジスタから構成されるマスク ROM の原理図を示す。

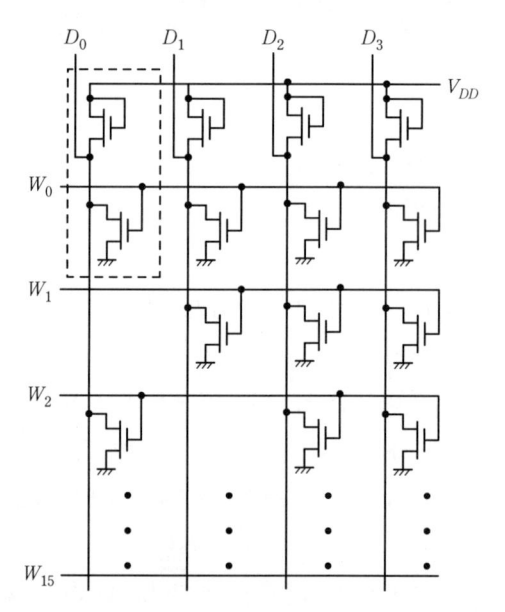

図 7.1　nMOS トランジスタから構成される ROM の原理図

～～～　補　　足　～～～

　本書においては，これまで一貫して，ディジタル回路の論理動作に限定して話を進めてきた。それは，トランジスタ回路のようなアナログ的振舞いを伴う回路については，多数の入門書があり，また，大学課程半期での学習で論理回路の本質を十分に学習してほしいという考えからであった。メモリ回路は，ディジタルシステムにおいて非常に重要な役割を占める回路であり，この回路の動作を述べるためには，トランジスタの簡単な動作を理解する必要がある。ここでは，その必要最小限の説明を行う。

　MOS トランジスタとは，金属酸化膜半導体（metal oxide semiconductor, MOS）によって構成されたトランジスタのことであり，電気を通すためのキャリヤが電子（負の電荷）からなるものを nMOS，正孔（正の電荷）からな

るものを pMOS と呼んでいる。

nMOS のトランジスタの構造と記号を図 7.2 に示す。

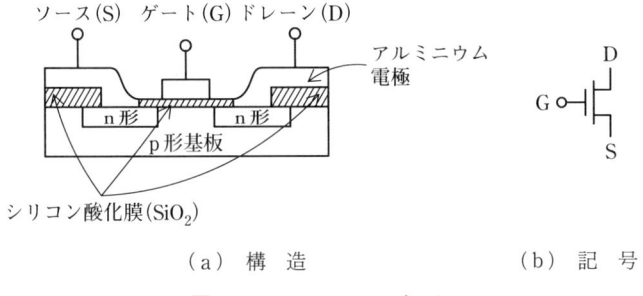

（a）構造　　　　　　　　（b）記号

図 7.2　nMOS トランジスタ

ここでは，メモリ回路の動作説明に必要となる原理のみを簡単に述べる。

nMOS トランジスタは，3 端子からなり，それぞれゲート（G），ソース（S），ドレーン（D）端子と呼ばれる。その動作を図 7.3 を用いて説明する。

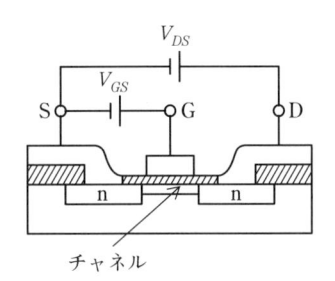

図 7.3　nMOS トランジスタの動作

ゲートに正の電圧が加わると，ドレーン-ソース間にキャリヤが移動できる経路が生成される。これをチャネル（channel）と呼ぶ。このとき，残りの二つの端子の電圧の高い方がドレーン，低い方がソースとなる。

nMOS トランジスタでは，キャリヤが電子であり，したがって，キャリヤは，ソースからドレーンに移動する。すなわち，電流がドレーンからソースに流れることになる。

MOS トランジスタでは，n 形，p 形にかかわらず，キャリヤが流れ出す端子をソース，流れ込む端子をドレーンと定義する。ゲート電圧がローレベルである場合はチャネルが形成されず，したがって，ソースからドレーンへのキャリヤの移動がなく，ドレーン-ソース間には電流が流れない。結局，ゲートに

124   7. 記 憶 回 路

ハイレベルの電圧が加わるときにのみトランジスタがON（導通）状態となり，ローレベルの電圧が加わるときにはOFF（非導通）状態となる。

pMOSトランジスタ（図7.4）では，キャリヤが正孔（正の電荷）である。ゲートにローレベルの電圧が加わるとチャネルが形成される。このとき，他の端子の電圧レベルの高い方をソース，低い方をドレーンと定義する。正孔は，ソースからドレーンに移動する。したがって，電流もソースからドレーンに流れることになる。

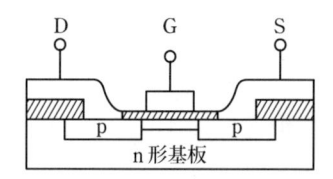

図7.4 pMOSトランジスタの構造

【例7.1】 図7.1の破線で囲まれた部分回路の動作を説明せよ。

〚解答例〛 nMOSトランジスタの動作を利用して，部分回路の動作を考える。図7.1の破線で囲まれた部分回路は，インバータ回路として振る舞う。このうち，電源V_{DD}側のnMOSトランジスタはゲートとドレーンが結線されて抵抗の役目を果たしており，負荷MOSトランジスタと呼ばれる。通常，抵抗そのものをIC内に実装することはその面積が問題となるため，このような回路として実装される。ワード線W_0の電圧がハイレベルとなると，行線につながっているトランジスタのゲート電圧がハイレベルとなり，このnMOSトランジスタは導通状態となる。出力D_0は接地状態となる。したがって，V_{DD}からアースに電流が流れ，電圧V_{DD}は，負荷MOSトランジスタの抵抗で降下する。その結果，出力はローレベルとなる。

一方，ゲート電圧がローレベル（ワード線W_0がローレベル）の場合，nMOSトランジスタは非導通状態となり，その結果，出力にはV_{DD}の電圧がそのまま出力される。したがって，出力D_0はハイレベルとなる。

以上の説明から，ゲート電圧がハイレベルのときは出力がローレベルとなり，ゲート電圧がローレベルのときは出力がハイレベルとなることがわかる。結局，破線

部の回路は，インバータ回路として動作する。

【例 7.2】 マスク ROM の動作を説明せよ。

〖解答例〗 例 7.1 で述べた回路動作を利用して，図 7.1 のマスク ROM の動作について考える。この回路には，W_i ($i=0, 1, 2, \cdots, 15$) を端とする行線（ワード線）と出力 D_j ($j=0, 1, 2, 3$) につながる列線がある。したがって，この回路は，1 ワードが 4 ビットで 16 ワードからなる ROM である。例えば，最初のワード線 W_0 にハイレベルの電圧が加わると，このワード線につながる 4 個の nMOS トランジスタのゲートがハイレベルとなり，すべてのトランジスタが導通状態となる。すなわち，すべての列線は接地状態となり，列線につながる出力 D_j はすべてローレベルとなる。このことはワード線 W_0 に対応する 0 番地の内容が $(0, 0, 0, 0)$ であることを意味する。ワード線 W_1 にハイレベルの電圧が加わると，このワード線につながっている nMOS トランジスタが導通状態となる。したがって，D_1 から D_3 までの出力電圧がローレベルとなる。

一方，D_0 の出力にはトランジスタがつながっていないため，V_{DD} の電圧値（ハイレベル）がそのまま出力されることになる。すなわち，W_1 に対応する 1 番地の内容が $(1, 0, 0, 0)$ となっている。

以上の説明から，ワード線と列線の間に nMOS トランジスタが存在する場合はそのビットの内容が 0，存在しない場合は 1 であることがわかる。すなわち，W_2 に対応する 2 番地の内容が $(0, 1, 0, 0)$，W_{15} に対応する 15 番地の内容が $(1, 1, 1, 1)$ であることが理解できる。

このように ROM は，物理的にトランジスタを配置することによりデータを格納することが可能である。すなわち，ハードウェア的に 0 または 1 のデータを格納するメモリである。

【例 7.3】 ROM からデータを取り出すためのアドレス指定について述べよ。

〖解答例〗 例 7.2 により，ワード線 W_i をハイレベルにすることにより，i 番地のデータを読み出せることがわかった。それでは，任意の番地 i を指定する方法につ

いて考える。

4ビット16ワードのROMの構成を図7.5に示す。この図において，4×16のセルマトリックスに加えて，アドレスデコーダ，メモリアドレスレジスタ（MAR）およびバッファレジスタ（BR）が示されている。

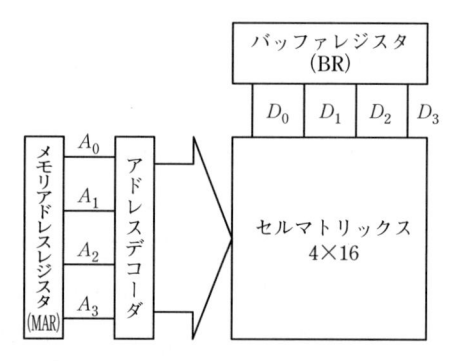

図7.5　4ビット16ワードのROM構成

MARには指定される番地に対応するアドレスが格納される。MARからの出力はアドレスデコーダに入力され，このデコーダを通して番地iが指定される。したがって，このアドレスデコーダは，4ビット入力16ビット出力から構成される。i番地に対応するワード線W_iがハイレベルとなり，i番地のデータ（4ビット）がセルマトリックスから出力される。

そのデータはBRに格納され，出力（D_0, D_1, D_2, D_3）が読み出される。例えば，アドレスの値として$(A_0, A_1, A_2, A_3)=(0,0,0,0)$が入力されると，アドレスデコーダの出力（$Y_0, Y_1, \cdots, Y_{15}$）は$Y_0=1$となり，$Y_1$から$Y_{15}$はすべて0となる。出力$Y_0$は，セルマトリックスのワード線$W_0$につながっており，$W_0=1$となることから0番地がアクセスされる。

この例では，16ワードからなるROMを示しているので，アドレスバッファは4ビットであり，アドレスデコーダは4入力16出力である。例えば，256ワードからなるシステムでは，MARは8ビットであり，アドレスデコーダは8入力256出力となる。

補足

ROM には，マスク ROM とプログラマブル ROM（PROM）があることはすでに述べた。PROM には，ヒューズ ROM のように一度書き込んだデータは消去できないものや，消去可能な erasable PROM（EPROM），さらには，フローティングゲートを利用した floating-gate avalanche injection MOS（FAMOS）などがある。ここでは，用語だけにとどめておくが，興味のある読者は調べてもらいたい。

【例 7.4】 例 7.3 のアドレスデコーダの設計法について説明せよ。

〖解答例〗 例 7.2 と例 7.3 で述べたように，アドレスの値が (A_0, A_1, A_2, A_3)，すなわち 4 ビットの 2 進数として与えられたとき，その値に対応した出力のみが 1 となり，他のビットの出力が 0 となるようなデコーダを設計する。したがって，このデコーダに対して，**表 7.1** のような真理値表が得られる。

表 7.1 4 ビット 16 ワードの ROM 構成のためのアドレスデコーダの真理値表

A_3	A_2	A_1	A_0	Y_{15}	Y_{14}	Y_{13}	Y_{12}	Y_{11}	Y_{10}	Y_9	Y_8	Y_7	Y_6	Y_5	Y_4	Y_3	Y_2	Y_1	Y_0
0	0	0	0	0	0	0	0	0	0	0	0	0	0	0	0	0	0	0	1
0	0	0	1	0	0	0	0	0	0	0	0	0	0	0	0	0	0	1	0
0	0	1	0	0	0	0	0	0	0	0	0	0	0	0	0	0	1	0	0
0	0	1	1	0	0	0	0	0	0	0	0	0	0	0	0	1	0	0	0
0	1	0	0	0	0	0	0	0	0	0	0	0	0	0	1	0	0	0	0
0	1	0	1	0	0	0	0	0	0	0	0	0	0	1	0	0	0	0	0
0	1	1	0	0	0	0	0	0	0	0	0	0	1	0	0	0	0	0	0
0	1	1	1	0	0	0	0	0	0	0	0	1	0	0	0	0	0	0	0
1	0	0	0	0	0	0	0	0	0	0	1	0	0	0	0	0	0	0	0
1	0	0	1	0	0	0	0	0	0	1	0	0	0	0	0	0	0	0	0
1	0	1	0	0	0	0	0	0	1	0	0	0	0	0	0	0	0	0	0
1	0	1	1	0	0	0	0	1	0	0	0	0	0	0	0	0	0	0	0
1	1	0	0	0	0	0	1	0	0	0	0	0	0	0	0	0	0	0	0
1	1	0	1	0	0	1	0	0	0	0	0	0	0	0	0	0	0	0	0
1	1	1	0	0	1	0	0	0	0	0	0	0	0	0	0	0	0	0	0
1	1	1	1	1	0	0	0	0	0	0	0	0	0	0	0	0	0	0	0

この真理値表から加法標準形を求めれば，デコーダの出力関数が求まる。例えば

$$Y_0 = \bar{A}_3 \bar{A}_2 \bar{A}_1 \bar{A}_0$$

である。同様にして，$Y_1 \sim Y_{15}$ の論理関数を容易に求めることができる。

7.2 ランダムアクセスメモリ

任意の位置（アドレス）に情報を書き込んだり，また，任意のアドレスの情報を読み出すことのできる記憶装置のことをランダムアクセスメモリ（random access memory, RAM）と呼ぶ。RAM においても基本素子（セル）を 2 次元配列状に並べた構成法をとる。ここでは，まず最初，RAM を構成する基本素子となるセルの回路について考える。RAM におけるセルには，スタティックセル（static cell）とダイナミックセル（dynamic cell）がある。

ダイナミックセルは電荷をコンデンサに蓄えることによりデータを記憶する。電荷の放電によるデータの消失を防ぐために，ある間隔でデータの書直しを行う必要がある。

一方，スタティックセルは，FF のように常に電源を与えることでデータを記憶している。

【例 7.5】 図 7.6 に示すスタティックセルの動作を説明せよ。

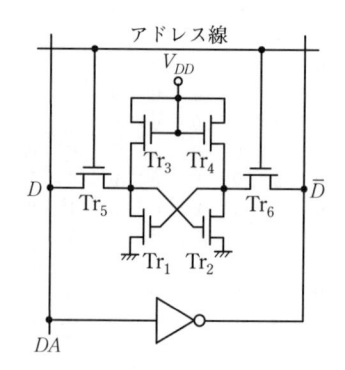

図 7.6　6 素子型スタティック記憶セル

〘解答例〙 図 7.6 の回路は，nMOS トランジスタを使用した 6 素子型スタティック記憶セルである。トランジスタ Tr_3，Tr_4 では，ゲートとドレーンが結線されており（負荷 MOS トランジスタ），抵抗の役目を果たしている。したがって，Tr_1 と Tr_3，Tr_2 と Tr_4 がそれぞれ対となってインバータを形成している。すなわち，これ

ら二つのインバータ回路により記憶ループを形成している．セル回路は Tr_5, Tr_6 を介して列線とつながっている．例えば，DA をハイレベルにし，アドレス線をハイレベルにすると，Tr_5, Tr_6 が ON 状態となり，DA からの入力により，Tr_1, Tr_2, Tr_3, Tr_4 から構成されるインバータループに値が取り込まれる．その後，アドレス線をローレベルにすると，このセルに 1 ビットの値が記憶される．この場合，Tr_1 のドレーンがハイレベル，Tr_2 のドレーンがローレベルとなる．

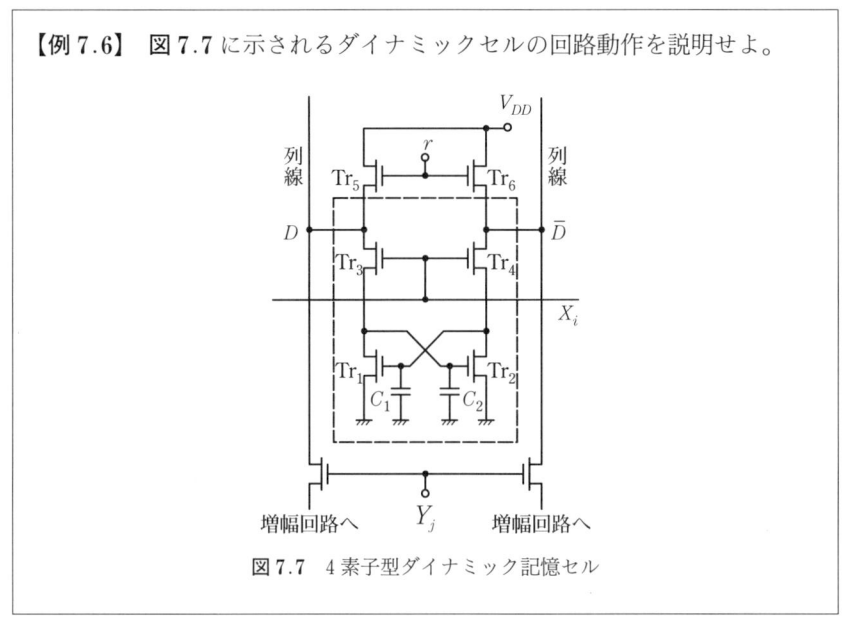

【例 7.6】 図 7.7 に示されるダイナミックセルの回路動作を説明せよ．

図 7.7 4 素子型ダイナミック記憶セル

〚解答例〛 信号線 X_i をハイレベルとすることにより，トランジスタ Tr_3, Tr_4 が ON 状態となり，セルが列線に接続される．Y_j がハイレベルとなることにより，増幅回路につながる．通常の状態では，Tr_1, Tr_2 に付随するコンデンサ C_1, C_2 に蓄えられた電荷が放電するため，データは徐々に失われることになる．X_i がハイレベルであるときにリフレッシュ（refresh）信号 r をハイレベルとすると，Tr_5, Tr_6 のゲート電圧が V_{DD} の電位と同等になり，Tr_5 と Tr_6 は負荷 MOS として動作する．すなわち，Tr_1 と Tr_5，Tr_2 と Tr_6 がそれぞれ対となりインバータとなる．したがって，Tr_1, Tr_2, Tr_5, Tr_6 により，インバータループが構成される．このことにより，データが再度書き込まれることになる．

130   7. 記　憶　回　路

【例7.7】　図7.8のメモリ回路に使用される増幅回路について説明せよ。

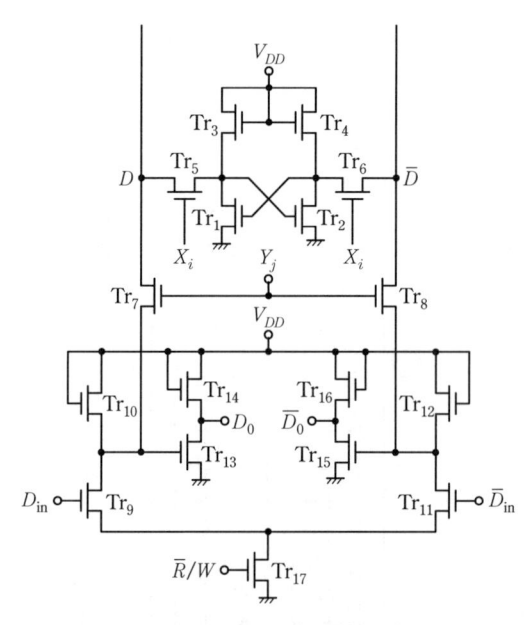

図7.8　メモリ回路と増幅回路

〔Jacob　Millman: Micro-Electronics, McGraw-Hill Book Co. (1979) の p.292 より引用〕

〖解答例〗　図7.8の $\bar{R}/W$ という記述は，読出し（read）がアクティブローで，書込み（write）がアクティブハイであることを意味している。

　まず，データの書込みについて説明する。$\bar{R}/W$ 信号をハイレベルにする。このとき Tr_{17} は ON 状態となり Tr_9 と Tr_{10}，Tr_{11} と Tr_{12} の対はそれぞれインバータを形成する（Tr_{10} と Tr_{12} は負荷 MOS として動作する）。入力データは，D_{in}，$\bar{D}_{in}$ から入力される。例えば，$D_{in}=0$（$\bar{D}_{in}=1$）であれば，Tr_{11} は ON 状態，Tr_9 は OFF 状態となるから，メモリセルの列線 $\bar{D}$ 側はローレベルに，また列線 D 側はハイレベルになり，それぞれ，メモリセルへの入力となる。データの読出しでは，$\bar{R}/W$ 信号をローレベルにする。列線からの出力は，Tr_{13} と Tr_{14}，Tr_{15} と Tr_{16} から構成されるそれぞれのインバータへの入力となり，その出力値が D_0，$\bar{D}_0$ から得られる。

補足

回路を小型化するために，図 7.9 に示されるような 1 素子型ダイナミック記憶セルなども考えられる。行アドレス線 X とデータ線 Y を共にハイレベルとすると，データ線と容量 C_s がつながり，データ線上の値が容量 C_s に蓄えられる。同様にして，X，Y をハイレベルにすることにより，C_s に蓄えられた値を読み出すことが可能である。

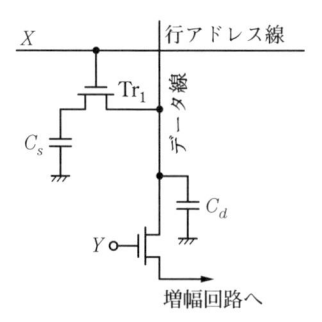

図 7.9 1 素子型ダイナミック記憶セル

トランジスタ Tr_1 が ON 状態となると容量 C_s とデータ線の寄生容量 C_d が並列に結合されるため，データ線の電位 V は V' まで低下する。ここで

$$V' = V \frac{C_s}{C_s + C_d}$$

である。したがって，容量 C_d を小さくする必要がある。

8

総 合 演 習

　これまでに，2進演算，論理演算，ブール代数，組合せ回路，および順序回路の解析と設計，さらにメモリ回路について述べてきた．以上の項目は，ディジタル回路を理解する上で，いずれも重要な基礎となるものである．本章においては，これまで述べてきたディジタル論理回路に関する総合演習として，複数の章にまたがる問題を提示する．本書の内容をより一層理解すると共にディジタル回路の基礎を整理するために活用してもらいたい．

【演習問題1】 2の補数を用いた2進数の減算に関する以下の問に答えよ．

|問1| 10進数での計算 $6-3$, $3-6$ を2の補数を用いた2進数で計算せよ．また，その手順を説明せよ．この計算を正確に実行するためには，最低何ビット必要か．

|問2| $A-B$ の計算（A, B はともに10進の正の整数）に対応する2進演算を2の補数を用いながら行う場合，この計算結果は，どのように表現されるか．

|問3| 問1の計算を実行できる減算器をリプルキャリー型の加算器をもとに設計し，図示せよ（図で用いた記号はすべて説明すること）．

|問4| 減算結果（2進数）の中で，数値ビットのうち（符号ビットを除く），1の数が奇数個ある場合にのみ1を出力する回路を示せ．

〚解答例〛

|問1| 10進数の6は，2進数で110と表現できる．4ビット目を符号ビットと定義

すると 0110 と表現される。ここで，10 進数の計算では，$6-3=3$，$3-6=-3$ であり，符号込みで最低 4 ビットあれば，正しい計算ができる。

10 進数の 6 と 3 は，それぞれ，符号を含めて 2 進数で 0110，0011 である。6 と 3 の 2 の補数をとるために各ビットを反転した後に 1 を加えると，それぞれ

$1001+1=1010$　（6 の 2 の補数）

$1100+1=1101$　（3 の 2 の補数）

が得られる。$6-3$ と $3-6$ の計算を行うと

```
   6-3の計算       3-6の計算
     0110            0011
   + 1101          +1010
    10011            1101
```

となる。いずれの場合も 4 ビット目が符号ビットである。$6-3$ の結果は，符号ビットからの桁上げを無視して 0011，すなわち 10 進数で $+3$ であることがわかる。また，$3-6$ の結果は，最上位ビット（4 ビット目の符号ビット）が 1 であることから，2 の補数表示であることがわかる。したがって，結果の 2 の補数を求める（各ビットを反転して 1 を加える）と

$0010+1=0011$

となることから，3 の 2 の補数であることがわかる。すなわち，2 進数での計算結果 1101 が 10 進数の -3 であることがわかる。

[問2]　$A-B$ の計算は，B の 2 の補数をとり，その数を A に加えることにより得られる。B に対してすべてのビットを反転することは，2^n-1-B で表現できるから，2 の補数は，これに 1 を加え

$2^n-1-B+1=2^n-B$

で表現できる。したがって，$A-B$ の計算は，2 の補数を用いると

2^n-B+A

で表現できる。

～～～　補　　足　～～～

例えば，問 1 における $3-6$ の計算について上記のことを考える。この計算は 4 桁で行えるから，$n=4$，$B=6$ として考える。6 の補数は，$2^4-1-6=9$ に 1 を加えて，10（$=1010$）で表現できる。したがって，$3-6$ の計算では，

10 に 3 を加えて，13（＝1101）を得る．得られた 2 進数 1101 では，問 1 の説明どおり，4 ビット目の 1 が補数表示であることを示しており，2 の補数をとると 0011（＝3）となる．すなわち，計算結果が 3 の 2 の補数（−3）であることがわかる．

[問 3] 2 の補数を用いた減算は，問 2 で述べたように，二つの数 A，B のうち，B の 2 の補数をとって，A に加えることで実行できる．ここで，リプルキャリー型加算器を基本とする減算器を考える．この場合，入力 B 側のすべてのビットの補をとることは，各入力端子の前にインバータを 1 個挿入し，論理を反転させることで実現できる．さらに，加算器全体の 1 ビット目のキャリーインに 1 を入力することで，1 を加える操作が実現でき，その結果，2 の補数を得ることが可能となる．したがって，図 8.1 に示す回路が得られる．この図において，$A_0 \sim A_3$ および $B_0 \sim B_3$ は，A，B を 2 進表現したときの 1〜4 ビット目の値である．各全加算器において X，Y は入力であり，S，C_{out}，C_{in} は，それぞれ，sum，キャリーアウト，キャリーインを示している．また，S_i (i=0,1,2,3) は，各ビットの sum 出力である．

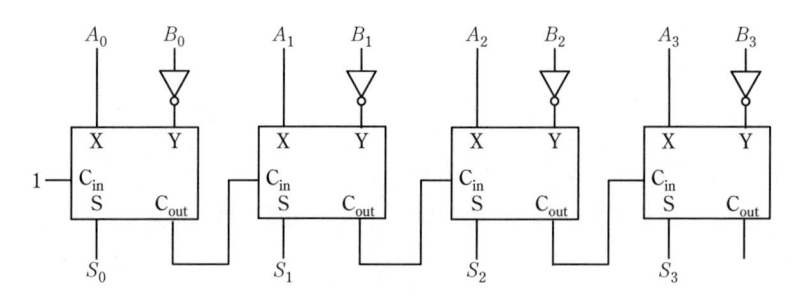

図 8.1 2 の補数を用いた減算回路

[問 4] この問題では，数値の出力 3 ビットのうち，奇数個のビットが 1（1 個または 3 個）である場合に出力 1 を示す組合せ回路を設計すればよい．図 8.1 において S_3 は符号ビットであるからここでは考えなくてよい．減算器からの出力 3 ビット S_0，S_1，S_2 のうち，奇数個が 1 である場合に出力 Y を 1 とする回路の真理値表は，表 8.1 のようになる．この回路の論理関数を加法標準形により求めると

$$Y = \bar{S}_0 \bar{S}_1 S_2 + \bar{S}_0 S_1 \bar{S}_2 + S_0 \bar{S}_1 \bar{S}_2 + S_0 S_1 S_2$$

8. 総合演習

表 8.1 真理値表

S_0	S_1	S_2	Y
0	0	0	0
0	0	1	1
0	1	0	1
0	1	1	0
1	0	0	1
1	0	1	0
1	1	0	0
1	1	1	1

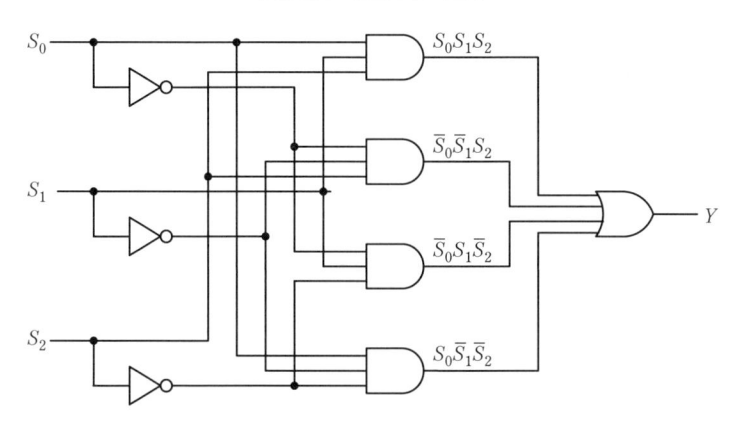

図 8.2 出力 3 ビットのうち奇数個が 1 の場合に出力 Y を 1 とする回路

が得られる。このことから，図 8.2 のような回路が設計できる。

―――― 補　　足 ――――

問 4 における回路の出力は，次のように簡単化することができる。

$$Y = \bar{S}_0\bar{S}_1S_2 + \bar{S}_0S_1\bar{S}_2 + S_0\bar{S}_1\bar{S}_2 + S_0S_1S_2$$
$$= \bar{S}_0(\bar{S}_1S_2 + S_1\bar{S}_2) + S_0(\bar{S}_1\bar{S}_2 + S_1S_2)$$
$$= \bar{S}_0(S_1 \oplus S_2) + S_0(\overline{S_1 \oplus S_2})$$
$$= S_0 \oplus (S_1 \oplus S_2)$$
$$= S_0 \oplus S_1 \oplus S_2$$

したがって，Ex-OR を用いて回路構成を簡単化することができる。この論理関数を例 3.5 で扱った 1 ビット全加算器の出力 S と比較する。これら二つの関数は，S_0，S_1，S_2 を全加算器の入力 X，Y，C_{in} とみなすことで一致することが容易にわかる。すなわち，図 8.2 の回路の代わりに全加算器が利用可能である。

【演習問題2】 BCD-10進デコーダに関する以下の問に答えよ。

問1 BCD符号が与えられたとき，それに対応する出力線にハイレベルを与えるようなBCD-10進デコーダを設計する。BCD符号の入力は何ビットか。

問2 BCD-10進デコーダの真理値表を示せ。

問3 出力の論理関数を下位3ビット分だけ示せ。また，その回路図を示せ。

〚解答例〛 BCD符号が与えられたとき，それに対応する出力線にハイレベルを出力するようなBCD-10進デコーダを設計する。

問1 BCD符号では，0〜9の数を扱うため，入力は4ビットである。

問2 BCD-10進デコーダの真理値表は**表8.2**のようになる。ここで$X_i (i=0,1,2,3)$は入力ビット，$O_j (j=0,1,2,3,4,5,6,7,8,9)$は出力ビットを意味している。

表8.2 BCD-10進デコーダの真理値表

X_3	X_2	X_1	X_0	O_9	O_8	O_7	O_6	O_5	O_4	O_3	O_2	O_1	O_0
0	0	0	0	0	0	0	0	0	0	0	0	0	1
0	0	0	1	0	0	0	0	0	0	0	0	1	0
0	0	1	0	0	0	0	0	0	0	0	1	0	0
0	0	1	1	0	0	0	0	0	0	1	0	0	0
0	1	0	0	0	0	0	0	0	1	0	0	0	0
0	1	0	1	0	0	0	0	1	0	0	0	0	0
0	1	1	0	0	0	0	1	0	0	0	0	0	0
0	1	1	1	0	0	1	0	0	0	0	0	0	0
1	0	0	0	0	1	0	0	0	0	0	0	0	0
1	0	0	1	1	0	0	0	0	0	0	0	0	0

BCD-10進デコーダにおいて入力は0000から1001までの10通りである。4ビット入力であるから入力パターンはこれら10通り以外にも1010から1111までの6通りが考えられるが，これらについては使用する必要がないので，出力側はすべてϕとなる。

問3 下位3ビット分の出力 (O_2, O_1, O_0) の論理関数は，真理値表と加法標準形により，次のように求まる。

$O_0 = \bar{X}_0 \bar{X}_1 \bar{X}_2 \bar{X}_3$

$O_1 = X_0 \bar{X}_1 \bar{X}_2 \bar{X}_3$

$O_2 = \bar{X}_0 X_1 \bar{X}_2 \bar{X}_3$

O_0, O_1, O_2 の論理関数から図 8.3 の回路が直接得られる。

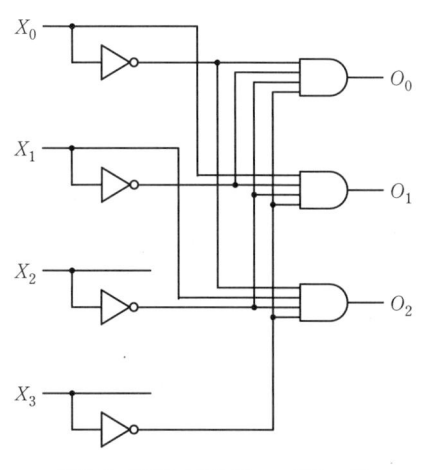

図 8.3 BCD-10 進デコーダの一部

【演習問題 3】 マスタスレーブ (MS) 型 T-FF の設計に関する以下の問に答えよ。

問 1 NOR 型非同期式 SR ラッチ回路を用いて同期式 T ラッチを設計するための特性表を示せ。また，この特性表を用いて，同期式 T ラッチ回路を構成するための論理関数をカルノー図を用いて求めよ。論理関数は簡単化して示せ。

問 2 同期式 T ラッチの回路図を記せ。この回路はどのように動作するか，レーシングの意味を述べながら簡潔に記せ。

問 3 NOR 型非同期式 SR ラッチ回路を用いて同期式 SR ラッチを設計するための特性表を示し，この特性表を用いながら，同期式 SR ラッチ回路を構成するための論理関数をカルノー図を利用して求めよ。論理関数は簡単化して示せ。また，同期式 SR ラッチの回路図を示せ。

138   8. 総 合 演 習

問 4 同期式 SR ラッチを用いて MS 型の SR-FF を構成したい。その原理を簡単に説明せよ。

問 5 SR-FF を用いて T-FF を構成する場合の付加回路の論理関数をカルノー図を用いて求めよ。問 3 と問 4 の結果を考慮しながら，MS 型 T-FF の回路図を示せ。

〖解答例〗

問 1 NOR 型非同期式ラッチによる構成のため，正論理で考える。SR ラッチの特性表を整理すると**表 8.3** のようである。

表 8.3 NOR 型非同期式 SR ラッチの特性表

S	R	Q
0	0	記憶
0	1	0
1	0	1
1	1	禁止

表 8.4 同期式 T ラッチの特性表と SR ラッチの励起表

C	T	Q^n	Q^{n+1}	S	R
0	0	0	0	0	ϕ
0	0	1	1	ϕ	0
0	1	0	0	0	ϕ
0	1	1	1	ϕ	0
1	0	0	0	0	ϕ
1	0	1	1	ϕ	0
1	1	0	1	1	0
1	1	1	0	0	1

ここで，同期式 T ラッチの特性表を考える。T ラッチは，クロック C が入力されたときに T 入力があると出力 Q が反転する回路であるから，その特性表は**表 8.4** のようになる。クロック C が 0 のときは，回路は記憶状態であり，出力値は変化せず，すべての場合において $Q^n = Q^{n+1}$ である。クロック C が 1 のときは，T 入力の値に従って回路は動作する。この場合，$T=0$ で記憶動作 ($Q^n = Q^{n+1}$) であり，$T=1$ で反転動作 $Q^{n+1} = \bar{Q}^n$ となる。

表 8.4 において，$Q^n \to Q^{n+1}$ と遷移するように，SR ラッチの励起表を付加している。すなわち，$(Q^n, Q^{n+1}) = (0, 0)$ の場合 $(S, R) = (0, \phi)$ (記憶またはリセット)，$(0, 1)$ の場合 $(S, R) = (1, 0)$ (セット)，$(1, 0)$ の場合 $(S, R) = (0, 1)$ (リセット)，$(1, 1)$ の場合 $(S, R) = (\phi, 0)$ (記憶またはセット) となっている。

次に入力 C, T, Q^n を入力変数と考えた場合の S, R のカルノー図を作成する。このカルノー図を**図 8.4** に示す。

	$\overline{C}$		C	
$\overline{Q}$	0	0	0	1
Q	ϕ	ϕ	ϕ	0

ϕ	ϕ	ϕ	0
0	0	0	1

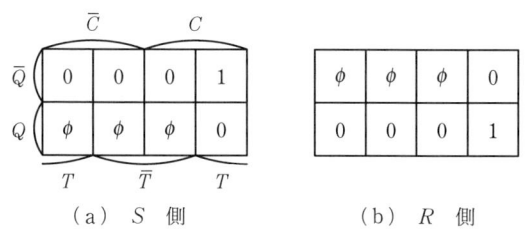

(a) S 側　　　　　　(b) R 側

図 8.4　カルノー図

カルノー図から，S, R に関する次状態デコーダの関数

$S = CT\overline{Q}$

$R = CTQ$

が得られる。

問2　問1で得られた論理関数から図 8.5 の回路が導ける。

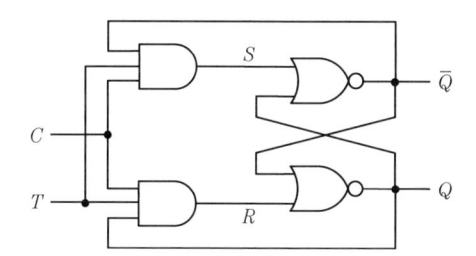

図 8.5　NOR 型非同期式 SR ラッチによる同期式 T ラッチ

この回路は，クロック入力時に $T=1$ であれば，出力が反転する。したがって，クロックが入力される度に出力が反転する T-FF として動作するように見える。しかし，クロックには幅があるため，出力が反転したときにクロックパルスが依然としてハイレベルであると出力が続けて反転する。これをレーシングと呼ぶ。

問3　同期式 SR ラッチの特性表を表 8.5 に示す。クロック C が 0 の場合は，常に $Q^{n+1}=Q^n$ である。ここでは，非同期式 SR ラッチに対する励起表を付け加えてある。非同期式 SR ラッチの入力を S', R' とする。クロック C が 1 の場合は，S と R によってその動作が制御される。すなわち，$(S, R)=(0, 0)$ のとき $Q^{n+1}=Q^n$（記憶），$(0, 1)$ のとき $Q^{n+1}=0$（リセット），$(1, 0)$ のとき $Q^{n+1}=1$（セット）であり，$(1, 1)$ は禁止である。励起表の S', R' は，非同期式ラッチの入力端子 S', R' をこのように制御しておけば，C, S, R が表 8.5 のようになったときにラッチの出力が表

8. 総合演習

表 8.5 同期式 SR ラッチの特性表と励起表

C	S	R	Q^n	Q^{n+1}	S'	R'	
0	0	0	0	0	0	ϕ	
0	0	0	1	1	ϕ	0	
0	0	1	0	0	0	ϕ	
0	0	1	1	1	ϕ	0	
0	1	0	0	0	0	ϕ	
0	1	0	1	1	ϕ	0	
0	1	1	0	ϕ	ϕ	ϕ	禁止
0	1	1	1	ϕ	ϕ	ϕ	禁止
1	0	0	0	0	0	ϕ	
1	0	0	1	1	ϕ	0	
1	0	1	0	0	0	ϕ	
1	0	1	1	0	0	1	
1	1	0	0	1	1	0	
1	1	0	1	1	ϕ	0	
1	1	1	0	ϕ	ϕ	ϕ	禁止
1	1	1	1	ϕ	ϕ	ϕ	禁止

（a）S' 側

（b）R' 側

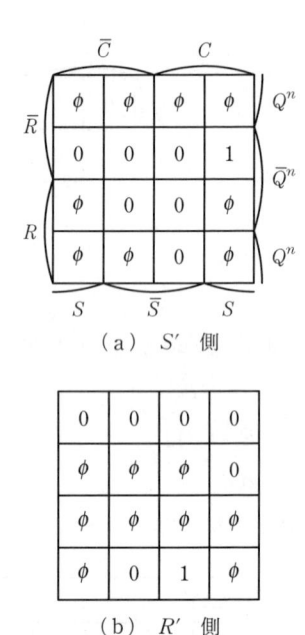

図 8.6 カルノー図

のように $Q^n \to Q^{n+1}$ と遷移することを示している。また，$S=R=1$ は禁止であるため，この場合は，$S'=R'=\phi$ とする。

表 8.5 に基づいて，入力を C, S, R, Q^n として S', R' に関するカルノー図を作成することにより，S', R' をどのように制御すればよいかがわかる。そのカルノー図を図 8.6 に示す。カルノー図より，論理関数

$$S' = CS$$

$$R' = CR$$

が求まる。このことより，図 8.7 に示す回路（NOR 型 SR ラッチを用いた同期式 SR ラッチ）が設計できる。

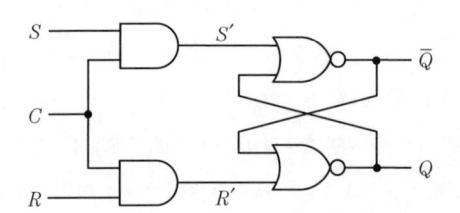

図 8.7 NOR 型非同期 SR ラッチによる同期式 SR ラッチ

8. 総合演習   141

問4 MS型FFは，マスタ側のラッチとスレーブ側のラッチを用意し，それぞれを2相のクロックで動作させる。その概略図を図8.8に示す。入力されたクロックの立上りで1段目のSRラッチが動作する。このとき，2段目のSRラッチに対するクロックはローレベルであるため，このラッチは記憶状態を保つ。入力クロックがローレベルになると，1段目のラッチが記憶状態となり，2段目のラッチが動作する。この原理により，レーシングのない，いわゆるFFの動作が実現できる。

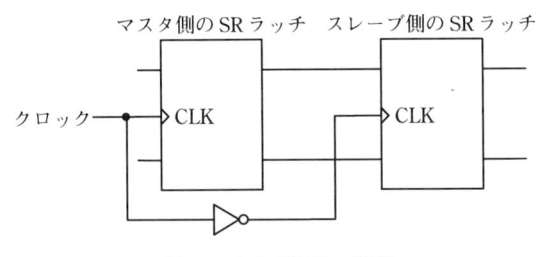

図8.8 MS型FFの概要

問5 SR-FFとT-FFの励起表を表8.6に示す。

表の意味を改めて説明する。FFの励起表では，その出力が $Q^n \to Q^{n+1}$ に遷移する様子を示している。まず，$0 \to 0$ の遷移は，SR-FFでは，記憶またはリセット動作によってなされる。したがって，$(S,R)=(0,\phi)$ としておく。一方，T-FFでは，反転をさせないために $T=0$ としておくことが対応する。$0 \to 1$ の遷移は，SR-FFではセット ($S=1, R=0$) で可能であり，T-FFでは反転 ($T=1$) に対応する。$1 \to 0$ の遷移は，SR-FFではリセット ($S=0, R=1$) で可能であり，T-FFでは反転 ($T=1$) に対応する。$1 \to 1$ の遷移は，SR-FFでは記憶またはセット，すなわち，$(S,R)=(\phi,0)$ で可能であり，T-FFでは記憶 ($T=0$) に対応する。表8.6の励起表をもとに，入力を Q, T とし，S, R に関するカルノー図を作成する。そのカルノ

表8.6 SR-FFとT-FFの励起表

Q^n	Q^{n+1}	S	R	T
0	0	0	ϕ	0
0	1	1	0	1
1	0	0	1	1
1	1	ϕ	0	0

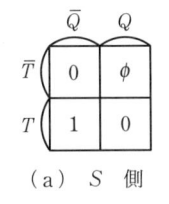

(a) S 側   (b) R 側

図8.9 カルノー図

一図を図 8.9 に示す．これから，論理関数

$$S = T\bar{Q}$$
$$R = TQ$$

が求まる．このことから，図 8.10 のような SR ラッチを用いた MS 型 T-FF が設計できる．

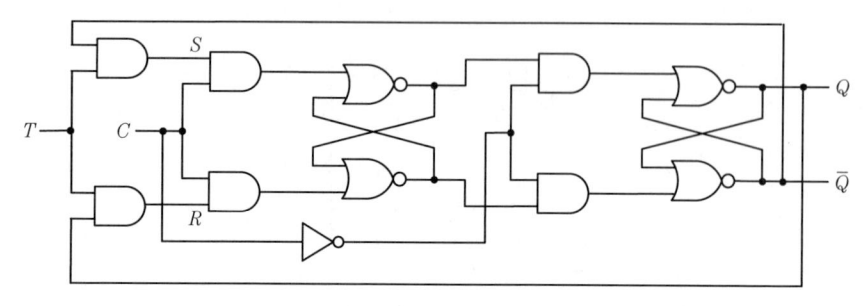

図 8.10　SR ラッチを用いた MS 型 T-FF

【演習問題 4】 MS 型 JK-FF の設計に関する以下の問に答えよ．

問 1　NOR 型非同期式 SR ラッチ回路を用いて同期式 SR ラッチを設計するための特性表を示せ．

問 2　特性表を用いて，同期式回路を構成するための回路の論理関数をカルノー図を用いて求めよ．論理関数は簡単化して示せ．また，同期式 SR ラッチの回路図を示せ．

問 3　同期式 SR ラッチを用いて MS 型の SR-FF を構成したい．その原理を簡単に説明せよ．

問 4　SR-FF を用いて JK-FF を構成する場合の付加回路の論理関数をカルノー図を用いて求めよ．

問 5　問 2，3，4 の結果より，MS 型 JK-FF の回路図を示せ．

〚解答例〛

問 1　この特性表は表 8.5 と同じである．

8. 総合演習

問2 カルノー図は図 8.6 と同じである。これから論理関数

$$S' = CS$$

$$R' = CR$$

が求まる。したがって，同期式 SR ラッチの回路は，図 8.7 と同じである。

問3 この解答は，演習問題 3 の問 4 と同じである。

問4 SR-FF を用いて JK-FF を設計することを考える。まず，SR-FF と JK-FF の励起表を**表 8.7** に示す。

表 8.7 SR-FF と JK-FF の励起表

Q^n	Q^{n+1}	S	R	J	K
0	0	0	ϕ	0	ϕ
0	1	1	0	1	ϕ
1	0	0	1	ϕ	1
1	1	ϕ	0	ϕ	0

図 8.11 SR のカルノー図

入力を Q^n, J, K とし，S, R に関するカルノー図を作成する。そのカルノー図を**図 8.11** に示す。

カルノー図から論理関数

$$S = \overline{Q}J$$

$$R = QK$$

が求まる。

問5 問 4 で得られた論理関数から**図 8.12** の回路が設計できる。

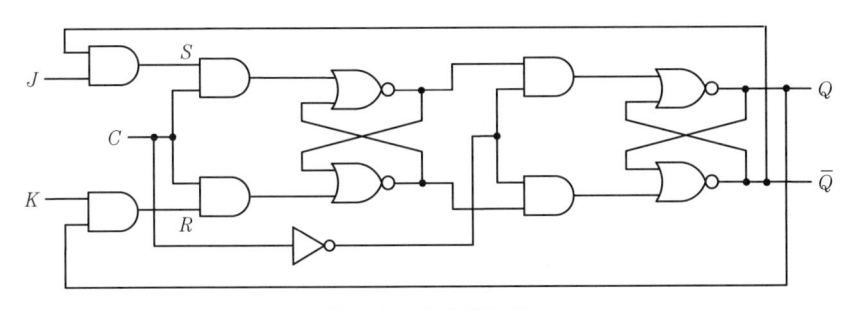

図 8.12 MS 型 JK-FF

8. 総合演習

【演習問題5】 非同期式ラッチを用いた同期式ラッチの設計に関する以下の問に答えよ。

問1 NAND型非同期式SRラッチの回路図とその特性表を示せ。

問2 NAND型非同期式SRラッチ回路を用いて同期式Dラッチを設計するための特性表を示せ。

問3 特性表を用いて，同期式Dラッチ回路を構成するための論理関数をカルノー図を用いて求めよ。論理関数は簡単化して示せ。また，同期式Dラッチの回路図を示せ。

問4 NAND型非同期式ラッチをNOR型非同期式ラッチに変換するための付加回路の論理関数を求めよ。

〚解答例〛

問1 NAND型非同期式SRラッチは，図8.13のようである。また，その特性表を表8.8に示す。

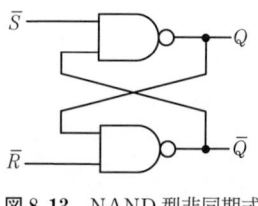

図8.13 NAND型非同期式SRラッチ

表8.8 NAND型非同期式SRラッチの特性表

$\bar{S}$	$\bar{R}$	$\bar{Q}$	Q	
0	0	禁止		
0	1	0	1	（負論理のセット）
1	0	1	0	（負論理のリセット）
1	1	記憶		

問2 表8.8において，0はローレベル，1はハイレベルを意味している。同期式

表8.9 Dラッチの特性表

C	D	Q^n	Q^{n+1}	$\bar{S}$	$\bar{R}$	
0	0	0	0	1	ϕ	記憶または負論理のリセット
0	0	1	1	ϕ	1	記憶または負論理のセット
0	1	0	0	1	ϕ	
0	1	1	1	ϕ	1	
1	0	0	0	1	ϕ	
1	0	1	0	1	0	負論理のリセット
1	1	0	1	0	1	負論理のセット
1	1	1	1	ϕ	1	

Dラッチにおいて，クロック C が 0 のときは常に記憶であり，1 のときは D 入力の値が出力 Q の値，すなわち $D=Q^{n+1}$ となる．したがって，**表 8.9**のような特性表が得られる．ここでは，特性表のように $Q^n \to Q^{n+1}$ となるような動作を得るために，NAND 型非同期式 SR ラッチの $\bar{S}, \bar{R}$ をどのように制御すればよいかを表中に示している．

【問3】 表 8.9 をもとにし，C, D, Q を入力として $\bar{S}, \bar{R}$ に関するカルノー図を作成する．そのカルノー図を**図 8.14**に示す．

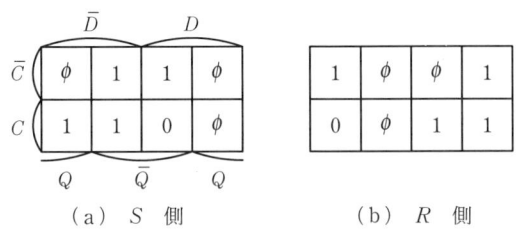

	$\bar{D}$		D	
$\bar{C}$	ϕ	1	1	ϕ
C	1	1	0	ϕ

1	ϕ	ϕ	1
0	ϕ	1	1

（a） S 側 （b） R 側

図 8.14 カルノー図

カルノー図から論理関数

$$\bar{S} = \bar{C} + \bar{D} = \overline{CD}$$
$$\bar{R} = \bar{C} + D = \overline{C\bar{D}}$$

が得られる．このことから**図 8.15**のような同期式 D ラッチが設計できる．

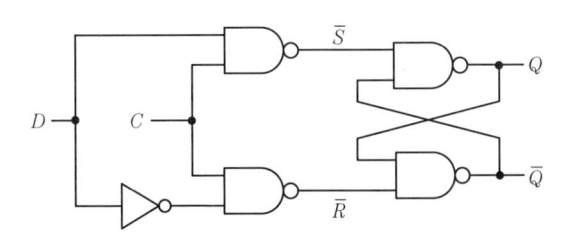

図 8.15 NAND 型非同期式ラッチを用いた同期式 D ラッチ

【問4】 NAND 型ラッチと NOR 型ラッチの励起表を**表 8.10**に示す．表において，S', R' は NAND 型ラッチの負論理での $\bar{S}, \bar{R}$ 入力，S, R は NOR 型ラッチの正論理での S, R 入力を示している．

ここで，Q^n, S, R を入力変数として S', R' に関するカルノー図を作成する．そ

表 8.10 NAND 型ラッチと NOR 型ラッチの励起表

Q^n	Q^{n+1}	S'	R'	S	R	
0	0	1	ϕ	0	ϕ	S', R' は記憶または負論理のリセット
0	1	0	1	1	0	S', R' は負論理のセット
1	0	1	0	0	1	S', R' は負論理のリセット
1	1	ϕ	1	ϕ	0	S', R' は記憶または負論理のセット

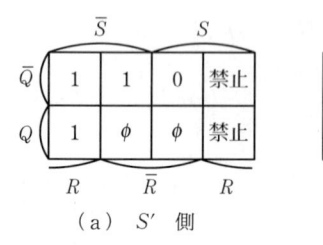

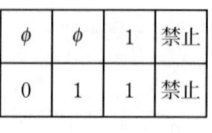

	$\bar{S}$		S	
$\bar{Q}$	1	1	0	禁止
Q	1	ϕ	ϕ	禁止
	R	$\bar{R}$	R	

(a) S' 側

	ϕ	ϕ	1	禁止
	0	1	1	禁止

(b) R' 側

図 8.16 カルノー図

のカルノー図を図 8.16 に示す. ただし, S, R が共に 1 の場合は禁止である.

カルノー図から, S' と R' に関する論理関数

$$S' = \bar{S}$$

$$R' = \bar{R}$$

が得られる. NAND 型ラッチの出力の値が NOR 型ラッチの出力の反転 (Q と $\bar{Q}$ の出力端子の位置が逆) であることを考え合わせて, 図 8.17 のような回路図が導ける.

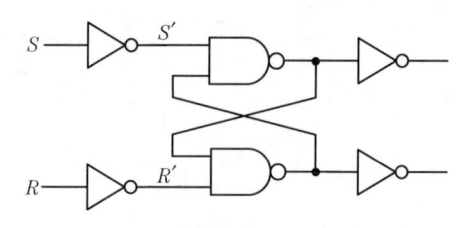

図 8.17 NAND 型ラッチを用いた NOR 型ラッチの構成

図 8.17 の回路は, 図 8.18 に示されるように等価変換され, 最終的に NOR 型のラッチに変換されていることがわかる.

8. 総合演習

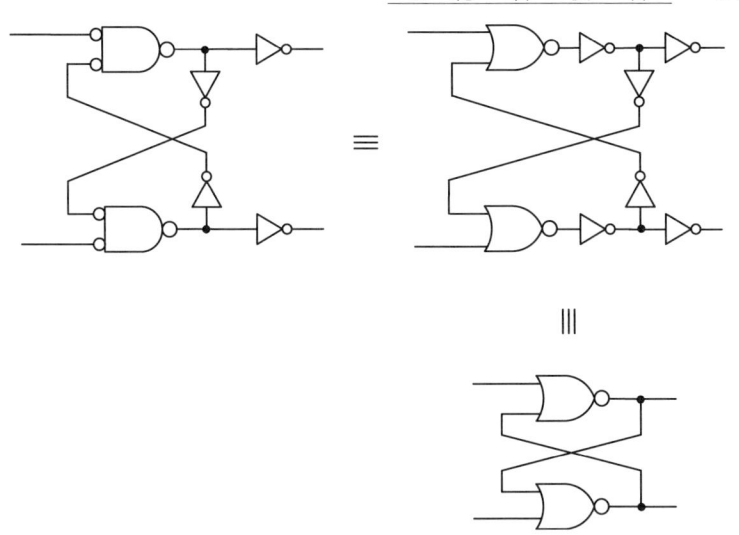

図 8.18 図 8.17 の等価変換

【演習問題 6】 カウンタに関する以下の問に答えよ。

問 1 図 8.19 の非同期式回路にクロック（CLK）信号を入れたときのタイムチャートを記入せよ。この回路は何進カウンタか。

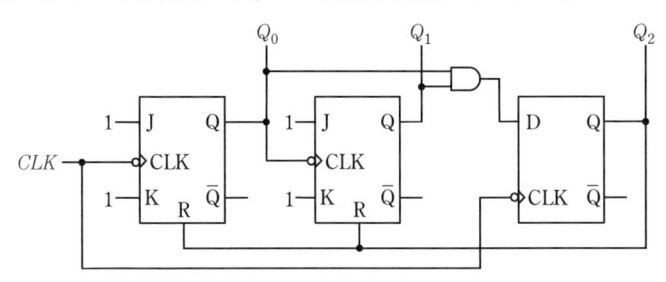

図 8.19 カウンタ

問 2 同様のカウンタを JK-FF を用いた同期式順序回路で設計する。状態遷移表を示せ。

問 3 JK-FF を用いて設計する場合の次状態デコーダの論理関数を求めよ。論理関数は簡単化して記せ。

問 4 同期式カウンタの回路図を示せ。

148   8. 総合演習

〘解答例〙

問1　図の回路は，1段目のFFの出力が2段目のFFのクロックとして入力されており，非同期式回路となっている。この回路のタイムチャートは**図 8.20**のようになる。1段目，2段目のJK-FFのJ，K端子は，すべて論理1にプルアップされているため，これらは，T-FFとして動作する。クロック入力のダウンエッジごとに1段目のJK-FFの出力が反転する。したがって，1段目のQ_0出力は，クロック信号に比べて周期が2倍の信号となる。同様に考えると，Q_1の出力は，Q_0の出力に比べて2倍，CLKに比べて4倍の周期を持つ信号となる。Q_0とQ_1のANDをとると，最終段のD入力が得られる。このD-FFはダウンエッジトリガであるから，図中四つ目のクロックパルスのダウンエッジでトリガがかかり，Q_2の信号が立ち上がる。Q_2がハイレベルである間，JK-FFはリセットされる。次のCLKのダウンエッジでリセット（クリア）信号が立ち下がる（解除される）。このリセット信号はクロック一つ分の間確実にハイレベルであり，2個のJK-FFを確実にリセットする。さらに，次のクロック信号のダウンエッジから新たにカウントを繰り返す。以上の結果，この回路は非同期式の5進カウンタであることがわかる。

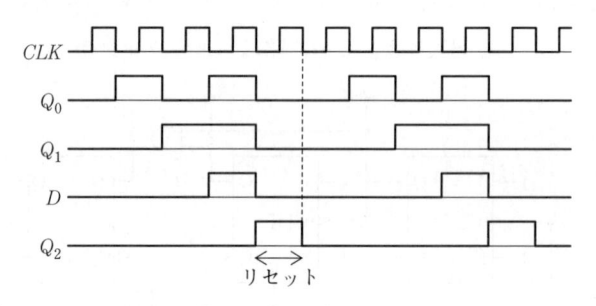

図 8.20　タイムチャート

問2　同期式5進カウンタを設計する。5進カウンタの状態遷移表を**表 8.11**に示す。

問3　5進カウンタは，000 → 001 → 010 → 011 → 100 → 000 → … と動作するため，3ビット構成の場合，101，110，111の状態は不要であり，したがって，これらに対応する次状態Q_0^{n+1}〜Q_2^{n+1}はすべてϕでよい。これに伴い，各JK-FFのJ，Kもϕとなる。状態遷移表からカルノー図を作成する。そのカルノー図を**図 8.21**に示

8. 総合演習

表 8.11 5進カウンタの状態遷移表

Q_2^n	Q_1^n	Q_0^n	Q_2^{n+1}	Q_1^{n+1}	Q_0^{n+1}	J_2	K_2	J_1	K_1	J_0	K_0
0	0	0	0	0	1	0	ϕ	0	ϕ	1	ϕ
0	0	1	0	1	0	0	ϕ	1	ϕ	ϕ	1
0	1	0	0	1	1	0	ϕ	ϕ	0	1	ϕ
0	1	1	1	0	0	1	ϕ	ϕ	1	ϕ	1
1	0	0	0	0	0	ϕ	1	0	ϕ	0	ϕ
1	0	1	ϕ	ϕ	ϕ	ϕ	ϕ	ϕ	ϕ	ϕ	ϕ
1	1	0	ϕ	ϕ	ϕ	ϕ	ϕ	ϕ	ϕ	ϕ	ϕ
1	1	1	ϕ	ϕ	ϕ	ϕ	ϕ	ϕ	ϕ	ϕ	ϕ

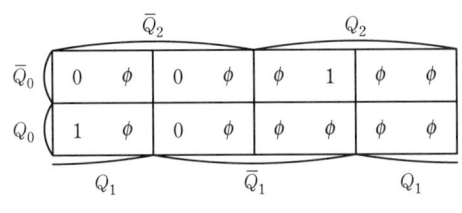

(a) $J_2 K_2$

ϕ	0	0	ϕ	0	ϕ	ϕ	ϕ
ϕ	1	1	ϕ	ϕ	ϕ	ϕ	ϕ

(b) $J_1 K_1$

1	ϕ	1	ϕ	0	ϕ	ϕ	ϕ
ϕ	1	ϕ	1	ϕ	ϕ	ϕ	ϕ

(c) $J_0 K_0$

図 8.21 カルノー図

す。

カルノー図から論理関数

$J_2 = Q_0 Q_1$

$K_2 = 1$

$J_1 = Q_0$

$K_1 = Q_0$

$J_0 = \bar{Q}_2$

$K_0 = 1$

が求まる。

[問4] 問3で求められた論理関数より，図8.22の回路図が導ける。

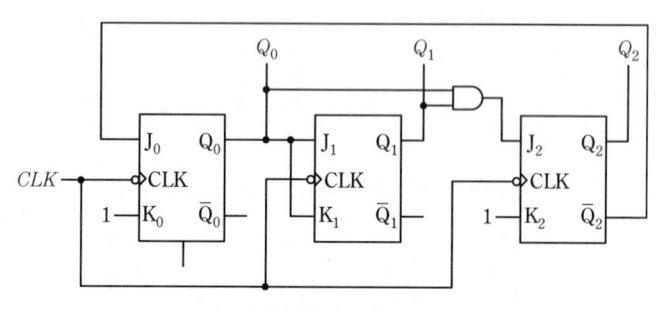

図8.22 同期式5進カウンタ

~~~ 補　足 ~~~

第6章でも述べたように，カルノー図から求まる次状態デコーダの論理関数は一意的ではない。例えば，演習問題6では，$K_0=1$ と決定しているが，ϕ の値の見方を変えることで，$J_0 = K_0 = \bar{Q}_2$ と考えることもできる。

【演習問題7】 3ビットジョンソンカウンタの設計に関する以下の問に答えよ。

[問1] 例えば，2ビットジョンソンカウンタでは，その2ビットの出力 Q_1Q_0 を10進数に直して考えると $0 \to 1 \to 3 \to 2 \to 0$ のように遷移する。3ビットジョンソンカウンタの状態遷移図を示せ。ただし，3個のFFの状態 (Q_0, Q_1, Q_2) が (101) の場合は (110) へ，また (010) の場合は (101) を経て (110) に遷移するものとする。

[問2] JK-FFにより設計したい。次状態デコーダをカルノー図を用いて設計し，各FFの J，K 入力の論理関数を求め，簡単化して示せ。

[問3] JK-FFによる設計回路図を示せ。

[問4] D-FFを用いてJK-FFを設計することを考える。D 入力の論理関

数を求め，簡単化して示せ。

問5 問4で求めた関数を利用して，問2で設計した回路をD-FFによるジョンソンカウンタに変換する。次状態デコーダの論理関数を求め，D-FFによる回路図を示せ。

〖解答例〗

問1 状態遷移図は，図8.23のようになる。

$Q_0Q_1Q_2$

000 → 100 → 110 → 111 → 011 → 001 → 000
       ↑
      010 → 101

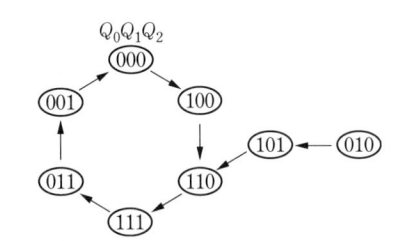

図8.23 3ビットジョンソンカウンタの状態遷移図

問2 状態遷移図から表8.12の状態遷移表が得られる。

表8.12 3ビットジョンソンカウンタの状態遷移表

Q_0^n	Q_1^n	Q_2^n	Q_0^{n+1}	Q_1^{n+1}	Q_2^{n+1}	J_0	K_0	J_1	K_1	J_2	K_2
0	0	0	1	0	0	1	ϕ	0	ϕ	0	ϕ
0	0	1	0	0	0	0	ϕ	0	ϕ	ϕ	1
0	1	0	1	0	1	1	ϕ	ϕ	1	1	ϕ
0	1	1	0	0	1	0	ϕ	ϕ	1	ϕ	0
1	0	0	1	1	0	ϕ	0	1	ϕ	0	ϕ
1	0	1	1	1	0	ϕ	0	1	ϕ	ϕ	1
1	1	0	1	1	1	ϕ	0	ϕ	0	1	ϕ
1	1	1	0	1	1	ϕ	1	ϕ	0	ϕ	0

この状態遷移表からJ, Kに関するカルノー図を作成する。そのカルノー図を図8.24に示す。

カルノー図から次状態デコーダの論理関数

$J_0 = \bar{Q}_2$

$K_0 = Q_1 Q_2$

$J_1 = Q_0$

$K_1 = \bar{Q}_0$

152   8. 総合演習

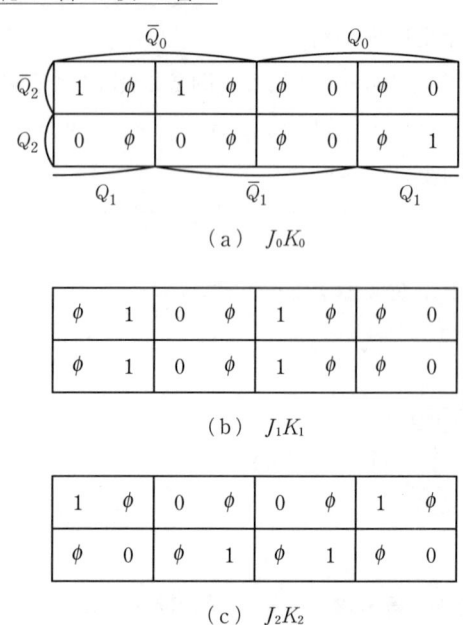

	$\bar{Q}_0$				Q_0		
$\bar{Q}_2$	1	ϕ	1	ϕ	ϕ	0	ϕ	0
Q_2	0	ϕ	0	ϕ	ϕ	0	ϕ	1
	Q_1		$\bar{Q}_1$			Q_1	

(a) $J_0 K_0$

ϕ	1	0	ϕ	1	ϕ	ϕ	0
ϕ	1	0	ϕ	1	ϕ	ϕ	0

(b) $J_1 K_1$

1	ϕ	0	ϕ	0	ϕ	1	ϕ
ϕ	0	ϕ	1	ϕ	1	ϕ	0

(c) $J_2 K_2$

図 8.24 カルノー図

$$J_2 = Q_1$$
$$K_2 = \bar{Q}_1$$

が得られる.

問 3 問 2 で求めた次状態デコーダの論理関数より,図 8.25 の回路が設計できる.

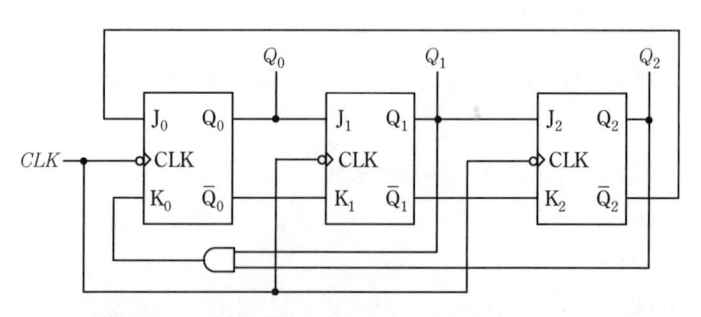

図 8.25 JK-FF を用いた 3 ビットジョンソンカウンタ

8. 総合演習

問4 D-FF と JK-FF の励起表を**表 8.13** に示す。

ここで J, K, Q を入力として D に関するカルノー図を作成する。そのカルノー図を**図 8.26** に示す。

カルノー図から論理関数

$$D = J\bar{Q} + \bar{K}Q$$

が得られる。

表 8.13 D-FF と JK-FF の励起表

Q^n	Q^{n+1}	D	J	K
0	0	0	0	ϕ
0	1	1	1	ϕ
1	0	0	ϕ	1
1	1	1	ϕ	0

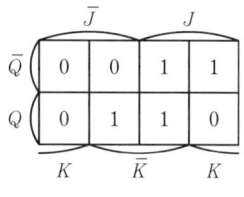

	$\bar{J}$		J	
$\bar{Q}$	0	0	1	1
Q	0	1	1	0
	K	$\bar{K}$		K

図 8.26 カルノー図

問5 D-FF を用いた次状態デコーダの論理関数は以下のようにして求められる。

$J_0 = \bar{Q}_2$

$K_0 = Q_1 Q_2$

$J_1 = Q_0$

$K_1 = \bar{Q}_0$

$J_2 = Q_1$

$K_2 = \bar{Q}_1$

であり,また

$$D = J\bar{Q} + \bar{K}Q$$

である。したがって,これらの関係から

$D_0 = J_0 \bar{Q}_0 + \bar{K}_0 Q_0 = \bar{Q}_2 \bar{Q}_0 + \overline{Q_1 Q_2} Q_0 = \bar{Q}_2 \bar{Q}_0 + (\bar{Q}_1 + \bar{Q}_2) Q_0$
$\quad = \bar{Q}_2 (\bar{Q}_0 + Q_0) + \bar{Q}_1 Q_0 = \bar{Q}_2 + \bar{Q}_1 Q_0$

$D_1 = J_1 \bar{Q}_1 + \bar{K}_1 Q_1 = Q_0 \bar{Q}_1 + Q_0 Q_1 = Q_0 (\bar{Q}_1 + Q_1) = Q_0$

$D_2 = J_2 \bar{Q}_2 + \bar{K}_2 Q_2 = Q_1 \bar{Q}_2 + Q_1 Q_2 = Q_1 (\bar{Q}_2 + Q_2) = Q_1$

が得られる。これから**図 8.27** の D-FF を用いた 3 ビットジョンソンカウンタが設計できる。

154   8. 総合演習

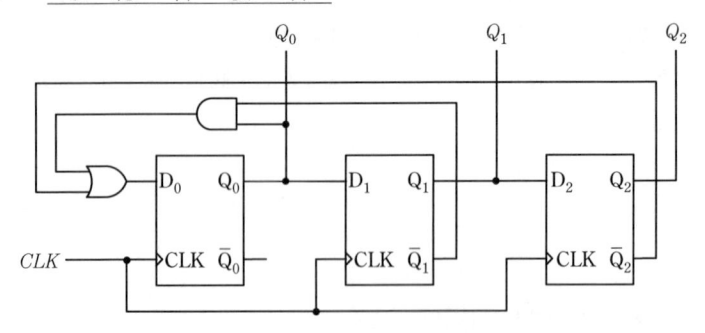

図 8.27 D-FF を用いた 3 ビットジョンソンカウンタ

【演習問題 8】 2 ビットシフトレジスタの設計に関する以下の問に答えよ。

問1 状態遷移図を示せ。

問2 状態遷移表を示せ。

問3 D-FF で構成する。次状態デコーダの論理関数をカルノー図を用いて求めよ。

問4 D-FF による 2 ビットシフトレジスタの回路図を示せ。

問5 JK-FF を用いて D-FF を構成する。変換回路の論理関数を求め、回路図を示せ。

問6 問 3 と問 5 の結果から、JK-FF により、2 ビットシフトレジスタを設計する場合の次状態デコーダの論理関数を求めよ。

〖解答例〗

問1 状態遷移図は、図 8.28 のようである。

問2 2 ビットシフトレジスタの状態遷移表は、状態遷移図に対応して、**表 8.14** のようになる。

例えば、1 行目は、現状態 $(Q_1^n, Q_0^n)=(0,0)$ で入力 X が 0 の場合、クロック入力の後、Q_0^n が Q_1^n にシフトし、X が Q_0^n にシフトする。その結果、$(Q_1^{n+1}, Q_0^{n+1})=(0,0)$ となることを意味している。2 行目は、現状態 $(Q_1^n, Q_0^n)=(0,0)$ で入力 X が 1 の場合、同様にシフトし、その結果、$(Q_1^{n+1}, Q_0^{n+1})=(0,1)$ となることを意味している。このことは、問 1 の状態遷移図でも表現されている。各行で、結果的に

8. 総合演習

表 8.14 2ビットシフトレジスタの状態遷移表

Q_1^n	Q_0^n	X	Q_1^{n+1}	Q_0^{n+1}	D_1	D_0
0	0	0	0	0	0	0
0	0	1	0	1	0	1
0	1	0	1	0	1	0
0	1	1	1	1	1	1
1	0	0	0	0	0	0
1	0	1	0	1	0	1
1	1	0	1	0	1	0
1	1	1	1	1	1	1

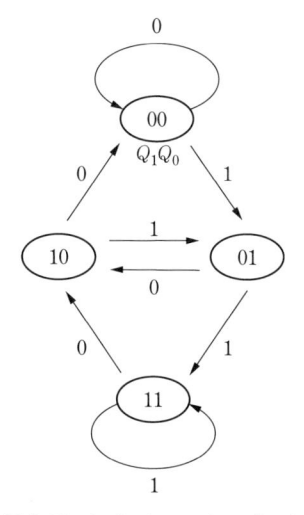

図 8.28 2ビットシフトレジスタの状態遷移図

$(Q_1^{n+1}, Q_0^{n+1})=(Q_0^n, X)$ となる。

問3 状態遷移表から，Q_1, Q_0, X を入力変数とする D_1, D_0 に関するカルノー図を作成する。そのカルノー図を**図 8.29** に示す。

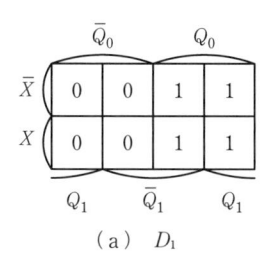

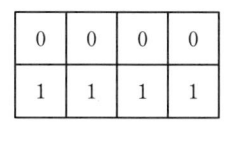

（a）D_1　　　　　　　　（b）D_0

図 8.29 カルノー図

カルノー図から，次状態デコーダの論理関数

$D_1 = Q_0$

$D_0 = X$

が得られる。

156　8. 総合演習

問4　問3で得られた論理関数から，図8.30に示すD-FFによるシフトレジスタが設計できる。

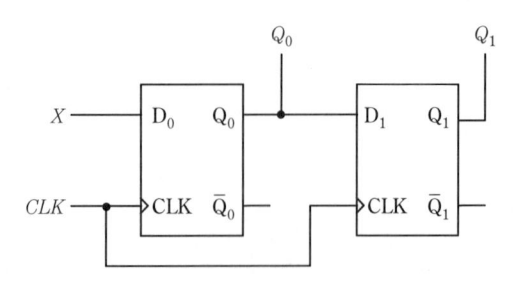

図8.30　D-FFによる2ビットシフトレジスタ

問5　JK-FFによりD-FFを構成する。まず，JK-FFとD-FFの励起表を表8.15に示す。

表8.15　D-FFとJK-FFの励起表

Q^n	Q^{n+1}	J	K	D
0	0	0	ϕ	0
0	1	1	ϕ	1
1	0	ϕ	1	0
1	1	ϕ	0	1

	$\bar{Q}$		Q	
$\bar{D}$	0	ϕ	ϕ	1
D	1	ϕ	ϕ	0

図8.31　JKのカルノー図

ここで，Q^n，Dを入力としてJとKに関するカルノー図を作成する。そのカルノー図を図8.31に示す。

カルノー図から，論理関数

　　$J = D$
　　$K = \bar{D}$

が得られる。したがって，JK-FFによるD-FFは，図8.32のようになる。

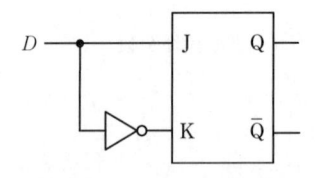

図8.32　JK-FFによるD-FF

問6

$D_1 = Q_0$

$D_0 = X$

$J = D$

$K = \bar{D}$

であることから

$J_1 = D_1 = Q_0$

$K_1 = \bar{D_1} = \bar{Q_0}$

$J_0 = D_0 = X$

$K_0 = \bar{D_0} = \bar{X}$

となる．この問題では，JK-FF に関する次状態デコーダの論理関数を求めるところで終了しているが，上記論理関数から，JK-FF による2ビットシフトレジスタの回路も容易に導くことができる．

【演習問題9】 1ビット全加算器に関する以下の問に答えよ．

問1 1ビット全加算器の真理値表を示せ．ただし，二つの入力を A, B とし，キャリーイン，加算結果，キャリーアウトを各々 C_{in}, S, C_{out} と記せ．

問2 1ビット全加算器を FF を用いた順序回路で構成する．A, B を入力，C_{in} を現状態，C_{out} を次状態出力，S を出力と考え，この関係を満足する全加算器を順序回路で設計する．状態遷移図を示せ．

問3 D-FF を用いてこの順序回路を設計する場合の次状態デコーダと出力デコーダを設計せよ．D-FF の D 端子に入力すべき論理関数をカルノー図を用いて求め，それを簡単化して示せ．また，回路図を示せ．

問4 JK-FF を用いて D-FF を作成するための回路図を求めよ．

問5 JK-FF を用いて設計する場合の次状態デコーダを設計する．JK-FF の J, K 端子に入力すべき論理関数を問3と問4の結果を用いて求めよ（回路図を示す必要はない）．

158 8. 総合演習

〚解答例〛

問1 全加算器の真理値表を**表 8.16**に示す。

表 8.16 全加算器の真理値表

A	B	C_in	S	C_out	D
0	0	0	0	0	0
0	0	1	1	0	0
0	1	0	1	0	0
0	1	1	0	1	1
1	0	0	1	0	0
1	0	1	0	1	1
1	1	0	0	1	1
1	1	1	1	1	1

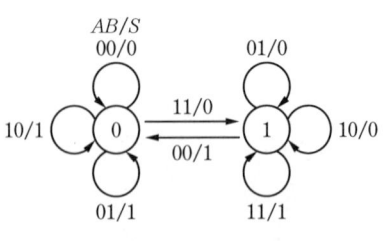

図 8.33 全加算器に対応する状態遷移図

問2 表 8.16 には，D-FF で設計する場合の FF の励起表を付加している。A，B が入力で，FF の出力および回路出力 S が A，B の値に従って遷移し，決定する。表 8.16 から，図 8.33 の状態遷移図を導ける。

問3 問題の趣旨より FF のクロック入力の前後での値は，$Q^n = C_\text{in}$，$Q^{n+1} = C_\text{out}$ であり，また，$D = C_\text{out}$ である。A，B，C_in を入力と考え，S および D に関するカルノー図を作成する。そのカルノー図を**図 8.34**に示す。

(a)　S　　　　　　　(b)　D

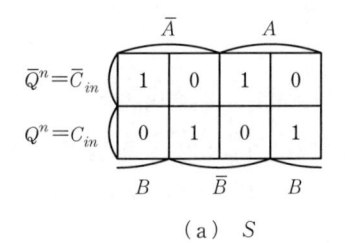

図 8.34 カルノー図

D に関するカルノー図から次状態デコーダの論理関数が次のように求まる。

$$D = AB + BC_\text{in} + C_\text{in}A$$

さらに，S に関するカルノー図から，出力デコーダの論理関数

$$\begin{aligned} S &= \overline{A}\overline{B}\overline{C}_\text{in} + \overline{A}B\overline{C}_\text{in} + A\overline{B}\overline{C}_\text{in} + ABC_\text{in} \\ &= \overline{A}(B\overline{C}_\text{in} + \overline{B}C_\text{in}) + A(\overline{B}\overline{C}_\text{in} + BC_\text{in}) \\ &= \overline{A}(B \oplus C_\text{in}) + A(\overline{B \oplus C_\text{in}}) \end{aligned}$$

$= A \oplus (B \oplus C_{\text{in}})$

$= A \oplus B \oplus C_{\text{in}}$

が得られる。この状態デコーダの論理関数から**図 8.35** の回路図が得られる。

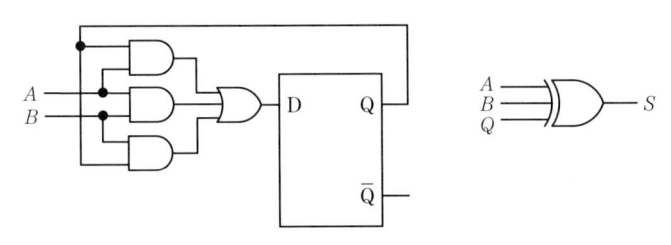

図 8.35　D-FF による全加算器

問4　D-FF と JK-FF の励起表を**表 8.17** に示す。

表 8.17　D-FF と JK-FF の励起表

Q^n	Q^{n+1}	J	K	D
0	0	0	ϕ	0
0	1	1	ϕ	1
1	0	ϕ	1	0
1	1	ϕ	0	1

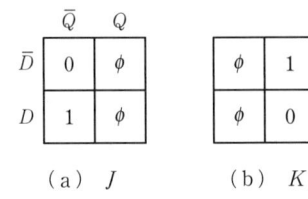

	$\bar{Q}$	Q
$\bar{D}$	0	ϕ
D	1	ϕ

(a)　J

	$\bar{Q}$	Q
	ϕ	1
	ϕ	0

(b)　K

図 8.36　カルノー図

入力変数を Q^n, D として J, K に関するカルノー図を作成する。そのカルノー図を**図 8.36** に示す。

カルノー図から，論理関数

$J = D$

$K = \bar{D}$

が得られる。これから**図 8.37** に示す回路が得られる。

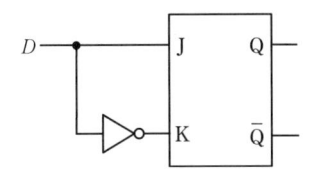

図 8.37　JK-FF による D-FF

問5

$$J = D$$
$$K = \bar{D}$$
$$D = AB + AC_{in} + BC_{in}$$

から

$$J = D = AB + AC_{in} + BC_{in}$$
$$K = \bar{D} = \overline{AB + AC_{in} + BC_{in}}$$

が導ける。

~~~~~~ 補　足 ~~~~~~

演習問題9は，順序回路による直列加算器の原理となるものである。つまり，複数ビットからなる入力 A と B がある場合，これら二つの値を二つのシフトレジスタに格納しておき，下位ビットから1ビットずつ加算器に入力する。A，B，C_{in}（C_{in} は演習問題9のごとく FF の出力状態に対応）の値により，和出力 S と C_{out} が出力され，この C_{out} が次のビットに対するキャリーインとなる。出力 S 側にもシフトレジスタを割り当てることで，各ビットごとの出力を取得することができる。

【演習問題10】　クロックに同期して値が1または0のパルス列が入力される入力系列 X がある。以下の問に答えよ。

問1　連続した二つの入力パルスの値が等しいとき（入力系列を2ビットごとに区切ることなしに考える），1が続いて入力されるか0が続いて入力される場合にのみ出力が1になるような順序回路を FF 1個で設計する。状態遷移図を示せ。

問2　状態遷移表を示せ。また，D-FF を用いる場合の次状態デコーダの論理関数をカルノー図により求め，簡単化して示せ。また，回路図を示せ。

問3　JK-FF を用いて設計する場合の次状態デコーダの論理関数を求め，簡単化して示せ。また，全体の回路図を示せ。

8. 総　合　演　習

〖解答例〗

問1　状態遷移図を図 8.38 に示す。

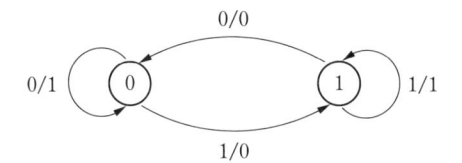

図 8.38　状態遷移図

問2　状態遷移図に従って，状態遷移表を表 8.18 に示す。

表 8.18　状態遷移表

Q^n	X	Q^{n+1}	Y	D
0	0	0	1	0
0	1	1	0	1
1	0	0	0	0
1	1	1	1	1

図 8.39　カルノー図

すなわち，現状態 Q^n の次に入力 X が続けて入力され，その値が等しい場合に出力 Y が1となる。D-FF で構成する場合は，当然，$D=Q^{n+1}$ である。Q^n，X を変数として D に関するカルノー図と Y に対応する出力デコーダのカルノー図を作成する。そのカルノー図を図 8.39 に示す。

カルノー図から次状態デコーダの論理関数

$$D = X$$

および，出力デコーダの論理関数

$$Y = QX + \overline{Q}\overline{X} = \overline{Q \oplus X}$$

が得られる。これから図 8.40 に示される回路図が設計できる。

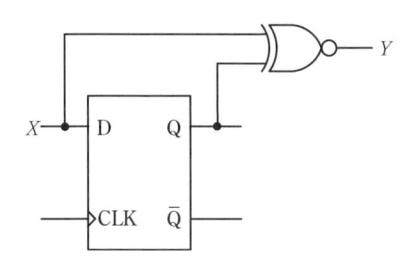

図 8.40　回　路　図

162   8. 総合演習

問3 状態遷移表から次状態デコーダのカルノー図を作成できるが，ここでは，図8.39のカルノー図（D-FF用）を直接JK-FF用の次状態デコーダに変換することを考える。図8.39のカルノー図を改めて図8.41(a)に示す。

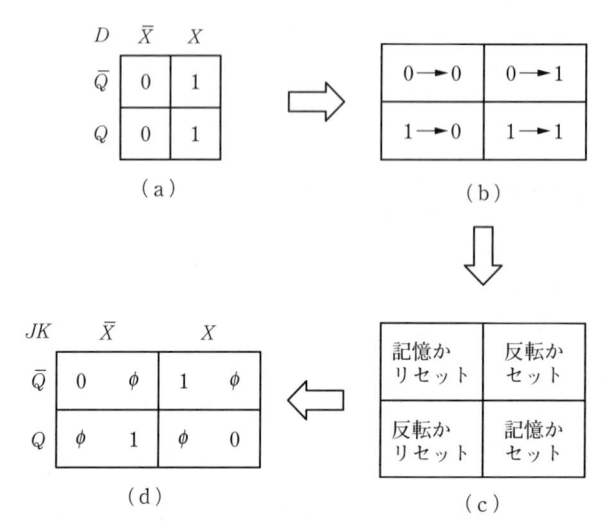

図8.41　カルノー図上での変換

　カルノー図上の各升目は，同図(b)のような遷移を実現している。このカルノー図はDについてのものであるから，例えば，$\bar{X}\bar{Q}$の位置にある0は，このFFが0（$\bar{Q}$に含まれるため）から0（$D=0$のため）に遷移することを意味する。JK-FFを用いた場合でも同じ遷移を実現するためにJK-FFに施すべき操作を同図(c)にまとめている。このことから同図(d)のカルノー図（JK-FF用）が導ける。このカルノー図からJK-FF用の次状態デコーダの論理関数

$$J = X$$
$$K = \bar{X}$$

が求まる。これから図8.42の回路図が導ける。

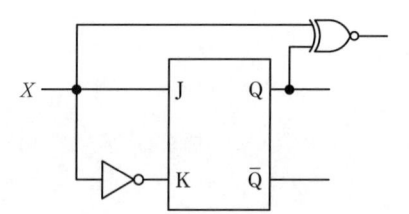

図8.42　回路図

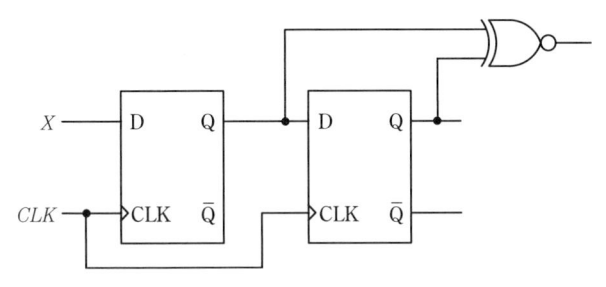

~~~~~ 補　　足 ~~~~~

演習問題 10 に対して，同様の回路を D-FF を用いた 2 ビット同期式シフトレジスタと出力デコーダで構成できることは，容易に類推できる。シフトレジスタは FF を縦続接続し，その FF の数だけの入力の値を記憶できる。例えば，図 8.41 の回路は，1 ビットのシフトレジスタと考えることができる。この考え方を少しだけ応用すれば，例えば，**図 8.43** のような回路で上記問題に対応する回路が構成できる。ただし，図 8.40 と比べて，FF を 1 個増やした 2 ビットシフトレジスタとしてあるため，出力デコーダからの結果は，入力に対して 1 クロック分遅れて出力されることになる。

図 8.43　2 ビットシフトレジスタによる構成

【演習問題 11】 自己補正型 3 ビットリングカウンタの設計について以下の問に答えよ。ただし，このリングカウンタにおいて最下位ビットから最上位ビットまでの FF の出力をそれぞれ Q_0, Q_1, Q_2 とする場合，$(Q_0, Q_1, Q_2) = (0, 0, 0)$ のときは $(1, 0, 0)$ へ遷移する。同様に $(Q_0, Q_1, Q_2) = (1, 0, 1)$ のときは $(0, 1, 0)$ へ，$(1, 1, 0)$ と $(1, 1, 1)$ のときは $(0, 1, 1)$ を経て $(0, 0, 1)$ へ遷移するものとする。

問 1　このリングカウンタを D-FF を用いて設計する場合の状態遷移図を示せ。

問 2　各 FF の D 入力をどのようにすればよいか。次状態デコーダの論理関数をカルノー図を用いて求めよ。論理関数は簡単化して示せ。

問 3　問 2 の結果を用いて D-FF によるリングカウンタの回路図を示せ。

問 4　同様のリングカウンタを SR-FF を用いて構成する。SR-FF で D-

164　8. 総合演習

FFを構成する場合の S, R 入力の論理関数を求めよ。論理関数は簡単化して示せ。

問5 問2と問4の結果を用いてSR-FFによるリングカウンタを設計する場合の次状態デコーダの論理関数を求めよ。

〖解答例〗

問1 問題の趣旨より，図 8.44 に示されるような状態遷移図が得られる。

$Q_0 Q_1 Q_2$

```
       (000)
         ↓
       (100)
       ↙   ↘
    (010) → (001)
      ↓     ↙ ↘
    (101) (011)
          ↙   ↘
       (110) (111)
```

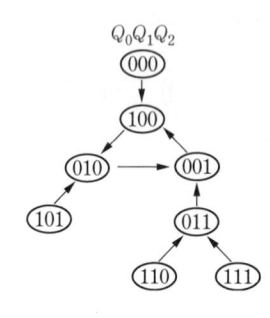

図 8.44　自己補正型3ビットリングカウンタの状態遷移図

問2 状態遷移図から**表 8.19** の状態遷移表が導ける。

表 8.19　状態遷移表

Q_0^n	Q_1^n	Q_2^n	Q_0^{n+1}	Q_1^{n+1}	Q_2^{n+1}	D_0	D_1	D_2
0	0	0	1	0	0	1	0	0
1	0	0	0	1	0	0	1	0
0	1	0	0	0	1	0	0	1
1	1	0	0	1	1	0	1	1
0	0	1	1	0	0	1	0	0
1	0	1	0	1	0	0	1	0
0	1	1	0	0	1	0	0	1
1	1	1	0	1	1	0	1	1

状態遷移表から図 8.45 のような D_0, D_1, D_2 に関するカルノー図が得られる。カルノー図から次状態デコーダの論理関数

$D_0 = \overline{Q_0}\,\overline{Q_1}$

$D_1 = Q_0$

$D_2 = Q_1$

が求まる。

8. 総合演習   165

	$\overline{Q}_0$		Q_0	
$\overline{Q}_2$	0	1	0	0
Q_2	0	1	0	0
	Q_1	$\overline{Q}_1$		Q_1

(a) D_0

0	0	1	1
0	0	1	1

(b) D_1

1	0	0	1
1	0	0	1

(c) D_2

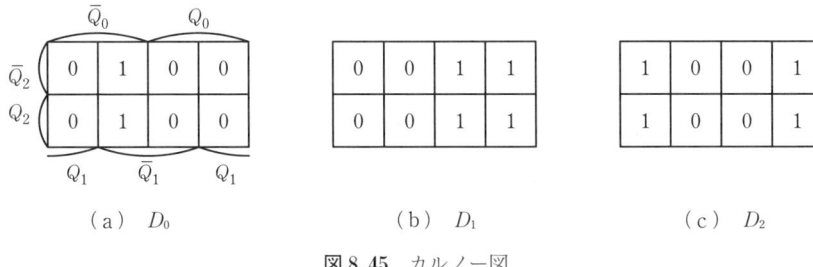

図 8.45 カルノー図

問3 問2で求められた論理関数から図8.46の回路図が設計できる。

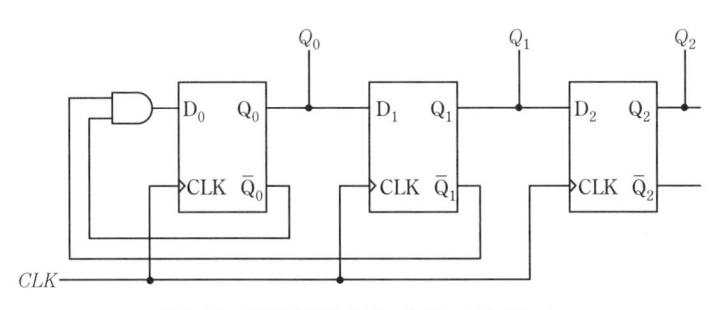

図 8.46 自己補正型3ビットリングカウンタ

問4 次に SR-FF で D-FF を構成する。

表 8.20 に D-FF と SR-FF の励起表を示す。

表 8.20 D-FF と SR-FF の励起表

Q^n	Q^{n+1}	D	S	R
0	0	0	0	ϕ
0	1	1	1	0
1	0	0	0	1
1	1	1	ϕ	0

	$\overline{Q}$		Q	
$\overline{D}$	0	ϕ	0	1
D	1	0	ϕ	0

図 8.47 カルノー図

Q, D を入力変数とする S, R に関するカルノー図を作成する。そのカルノー図を図 8.47 に示す。

カルノー図より，変換するための論理関数

$S = D$

$R = \overline{D}$

が求まる。

|問5|

$D_0 = \bar{Q}_0 \bar{Q}_1$

$D_1 = Q_0$

$D_2 = Q_1$

$S = D$

$R = \bar{D}$

から

$S_0 = D_0 = \bar{Q}_0 \bar{Q}_1$

$R_0 = \bar{D}_0 = \overline{\bar{Q}_0 \bar{Q}_1} = Q_0 + Q_1$

$S_1 = D_1 = Q_0$

$R_1 = \bar{D}_1 = \bar{Q}_0$

$S_2 = D_2 = Q_1$

$R_2 = \bar{D}_2 = \bar{Q}_1$

が導ける。

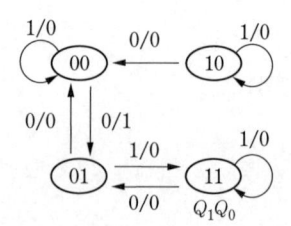

~~~~~~ 補　足 ~~~~~~

　この演習問題で扱ったリングカウンタは，例 5.5，例 6.7，例 6.8 と同じものである。例 6.7，例 6.8 では，SR-FF や D-FF で構成する場合，共にカルノー図から次状態デコーダの論理関数を求めているのに対し，ここでは，D-FF による次状態デコーダの論理関数に関数を代入することによって，SR-FF による設計のための論理関数を導いている。次状態デコーダの論理関数の差異とその動作の同一性に注意が必要である。

【演習問題 12】　図 8.48 の状態遷移を示す順序回路を設計する。以下の問に答えよ。

図 8.48　状態遷移図

問1 順序回路の構成に必要な FF は最低何個か。

問2 SR-FF を用いて設計する場合の状態遷移表を示せ。

問3 次状態デコーダの論理関数と出力デコーダの論理関数をカルノー図を用いて求め，簡単化して示せ。

問4 SR-FF による回路図を記せ。

〖解答例〗

問1 状態数が 4 であるから FF は 2 個必要である。

問2 表 8.21 に状態遷移表を示す。ここで X と Z はそれぞれ入力と出力である。

表 8.21　状態遷移表

Q_1^n	Q_0^n	X	Q_1^{n+1}	Q_0^{n+1}	Z	S_1	R_1	S_0	R_0
0	0	0	0	1	1	0	ϕ	1	0
0	0	1	0	0	0	0	ϕ	0	ϕ
0	1	0	0	0	0	0	ϕ	0	1
0	1	1	1	1	0	1	0	ϕ	0
1	0	0	0	0	0	0	1	0	ϕ
1	0	1	1	0	0	ϕ	0	0	ϕ
1	1	0	0	1	0	0	1	ϕ	0
1	1	1	1	1	0	ϕ	0	ϕ	0

問3 状態遷移表から S_1R_1, S_0R_0, Z に関するカルノー図を作成する。そのカルノー図を**図 8.49** に示す。

カルノー図から次状態デコーダの論理関数と出力デコーダの論理関数が

$S_1 = XQ_0$

$R_1 = \bar{X}$

$S_0 = \bar{X}\bar{Q_0}\bar{Q_1}$

$R_0 = \bar{X}Q_0\bar{Q_1}$

$Z = \bar{X}\bar{Q_0}\bar{Q_1}$

のように導ける。

問4 問3で導かれた次状態デコーダおよび出力デコーダの論理関数を用いて，図 8.50 のような回路が設計できる。

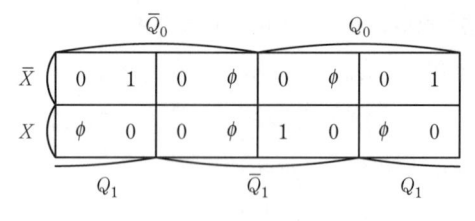

	$\overline{Q}_0$				Q_0			
$\overline{X}$	0	1	0	ϕ	0	ϕ	0	1
X	ϕ	0	0	ϕ	1	0	ϕ	0
	Q_1		$\overline{Q}_1$				Q_1	

(a) $S_1 R_1$

0	ϕ	1	0	0	1	ϕ	0
0	ϕ	0	ϕ	ϕ	0	ϕ	0

(b) $S_0 R_0$

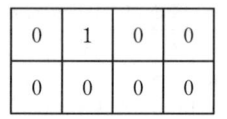

0	1	0	0
0	0	0	0

(c) Z

図 8.49　カルノー図

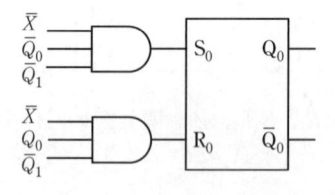

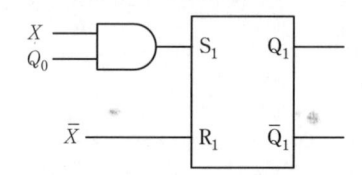

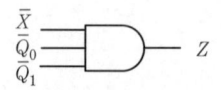

図 8.50　回　路　図

索　　　引

【あ行】

アドレスデコーダ　126
あふれ　6
1素子型ダイナミック記憶セル　131
1の補数　7
一致回路　21
インバータ回路　41
エッジトリガ型フリップフロップ　75
エンコーダ　46
エンドアラウンドキャリー　10, 11
オーバフロー　6

【か行】

カウンタ　86
加法標準形　24, 25
カルノー図　29
完備集合　17
記憶回路　121
記憶ループ　60
キャリールックアヘッド型加算器　57
吸収律　20
9の補数　13
組合せ回路　16
桁上げ　5
結合律　18
ゲート回路　18
交換律　18
5進カウンタ　88

【さ行】

自己補正型リングカウンタ　93, 112
次状態デコーダ　100
シフトレジスタ　91
10の補数　11
16進法　3
10進法　3
順序回路　16
状態遷移図　94, 99
状態遷移表　96, 99
乗法標準形　25
ジョンソンカウンタ　95, 116
真理値表　16, 21
スタティックセル　128
正論理　63
セルマトリックス　126
全加算器　53
双対性の原理　19
双対律　19
相補形MOS　42
相補律　19

【た行】

対合律　19
ダイナミックセル　128
チャネル　40
直列加算器　160
ツイステッドリングカウンタ　116
デコーダ　46
デマルチプレクサ　49
同期式Dラッチ　66
同期式2ビットシフトレジスタ　107
同期式（並列）8進カウンタ　99
同期式ラッチ　64
特性表　68

【な行】

ド・モルガンの定理　19
トランジスタ　39

2進化10進　46
2進数　1
2進法　3
2の補数　7

【は行】

排他的論理和　22
バイト　1
バイポーラトランジスタ　39
8進カウンタ　87
8進法　3
バッファレジスタ　126
半加算器　53
ビット　1
非同期式ラッチ　60
負荷MOSトランジスタ　41
符号ビット　5
フリップフロップ　59
ブール代数　16, 18
プログラマブルROM　122
負論理　47, 63
分配律　19
べき等律　18

【ま行】

マスクROM　122
マスタスレーブ型フリップフロップ　74
マルチプレクサ　49
ミニマルカバー　37
メモリアドレスレジスタ　126
メモリ回路　121

【や行】

ユニポーラトランジスタ	39

【ら行】

ラッチ	59
ランダムアクセスメモリ	128
リードオンリーメモリ	121
リプルキャリー型加算器	54
リングカウンタ	92
励起表	69
レーシング	59
6素子型スタティック記憶セル	128
論理回路	16

【わ行】

ワード	1

ASCII	1	dynamic cell	128	multiplexer	49
associative law	18	edge trigger 型 FF	76	NAND 型同期式 SR ラッチ	65
BCD	46	encoder	46	NAND 型非同期式 SR ラッチ	62
binary coded decimal	46	end-around carry	11	nMOS トランジスタ	40
binary digit	1	EPROM	127	NOR 型非同期式 SR ラッチ	60
bipolar transistor	39	erasable PROM	127	one's complement	7
bit	1	excitation table	69	ϕ	47
Boolean algebra	18	exclusive NOR	21	pMOS トランジスタ	40
BR	126	exclusive OR	22	principle of duality	19
byte	1	Ex-NOR	21	programmable ROM	122
carry-in	5	FAMOS	127	PROM	122
carry look ahead	57	FF	59	racing	59
carry-out	5	flip-flop	59	RAM	121, 128
channel	40	floating-gate avalanche injection MOS	127	random access memory	128
characteristic table	68	full adder	53	read only memory	121
CMOS インバータ	41	gate circuit	18	ring counter	92
combinational circuit	16	half adder	53	ROM	121
commutative law	18	idempotent law	18	sequential circuit	16
complemental MOS	42	involution law	19	shift register	91
complementary law	19	JIS	1	SR-FF	78
complete set	17	JK-FF	80, 83	static cell	128
conjunctive canonical form	25	Johnson counter	95	T-FF	82
counter	86	Karnaugh map	29	transistor	39
decoder	46	latch	59	truth table	21
de Morgan's theorem	19	load MOS transistor	41	twisted ring counter	116
demultiplexer	49	logic circuit	16	two's complement	7
D-FF	79	MAR	126	unipolar transistor	39
disjunctive canonical form	25	mask ROM	122		
distributive law	19	metal oxide semiconductor	40		
don't care	47	minimal cover	37		
dualization law	19	MOS トランジスタ	39		

―― 著者略歴 ――

1980年　慶應義塾大学工学部電気工学科卒業
1982年　慶應義塾大学大学院修士課程修了（電気工学専攻）
1985年　慶應義塾大学大学院博士課程修了（電気工学専攻）
　　　　工学博士（慶應義塾大学）
1985年　上智大学助手
1986年　静岡大学講師
1987年　静岡大学助教授
1997年　静岡大学教授
2006年　セサミテクノロジー（株）代表取締役（兼務）
　　　　現在に至る

ディジタル回路演習ノート
Digital Circuit Exercise Note　　　　　　　　　　　　　　　Ⓒ Hideki Asai 2001

2001 年 10 月 5 日　初版第 1 刷発行
2021 年 1 月 25 日　初版第18刷発行

検印省略	著　者	浅　井　秀　樹
	発行者	株式会社　コロナ社
		代表者　牛来真也
	印刷所	三美印刷株式会社
	製本所	有限会社　愛千製本所

112-0011　東京都文京区千石 4-46-10
発行所　株式会社　コロナ社
CORONA PUBLISHING CO., LTD.
Tokyo Japan
振替 00140-8-14844・電話(03)3941-3131(代)
ホームページ　https://www.coronasha.co.jp

ISBN 978-4-339-00735-0　C3055　Printed in Japan　　　　　　（川田）

＜出版者著作権管理機構　委託出版物＞
本書の無断複製は著作権法上での例外を除き禁じられています。複製される場合は，そのつど事前に，出版者著作権管理機構（電話 03-5244-5088，FAX 03-5244-5089，e-mail: info@jcopy.or.jp）の許諾を得てください。

本書のコピー，スキャン，デジタル化等の無断複製・転載は著作権法上での例外を除き禁じられています。購入者以外の第三者による本書の電子データ化及び電子書籍化は，いかなる場合も認めていません。
落丁・乱丁はお取替えいたします。

コンピュータ数学シリーズ

（各巻A5判，欠番は品切または未発行です）

■編集委員　　斎藤信男・有澤　誠・筧　捷彦

配本順		頁	本体
2.（9回）	**組合せ数学** 仙波一郎著	212	2800円
3.（3回）	**数理論理学** 林　晋著	190	2400円
10.（2回）	**コンパイラの理論** 大山口通夫著	176	2200円
11.（1回）	**アルゴリズムとその解析** 有澤　誠著	138	1650円
16.（6回）	**人工知能の理論**（増補） 白井良明著	182	2100円
20.（4回）	**超並列処理コンパイラ** 村岡洋一著	190	2300円
21.（7回）	**ニューラルコンピューティング** 武藤佳恭著	132	1700円

定価は本体価格+税です。
定価は変更されることがありますのでご了承下さい。

図書目録進呈◆

大学講義シリーズ

(各巻A5判，欠番は品切または未発行です)

配本順		著者	頁	本体
(2回)	通信網・交換工学	雁部頴一著	274	3000円
(3回)	伝送回路	古賀利郎著	216	2500円
(4回)	基礎システム理論	古田・佐野共著	206	2500円
(7回)	音響振動工学	西山静男他著	270	2600円
(10回)	基礎電子物性工学	川辺和夫他著	264	2500円
(11回)	電磁気学	岡本允夫著	384	3800円
(12回)	高電圧工学	升谷・中田共著	192	2200円
(14回)	電波伝送工学	安達・米山共著	304	3200円
(15回)	数値解析(1)	有本卓著	234	2800円
(16回)	電子工学概論	奥田孝美著	224	2700円
(17回)	基礎電気回路(1)	羽鳥孝三著	216	2500円
(18回)	電力伝送工学	木下仁志他著	318	3400円
(19回)	基礎電気回路(2)	羽鳥孝三著	292	3000円
(20回)	基礎電子回路	原田耕介他著	260	2700円
(22回)	原子工学概論	都甲・岡共著	168	2200円
(23回)	基礎ディジタル制御	美多勉他著	216	2400円
(24回)	新電磁気計測	大照完他著	210	2500円
(26回)	電子デバイス工学	藤井忠邦著	274	3200円
(28回)	半導体デバイス工学	石原宏著	264	2800円
(29回)	量子力学概論	権藤靖夫著	164	2000円
(30回)	光・量子エレクトロニクス	藤岡・小原 齊藤 共著	180	2200円
(31回)	ディジタル回路	高橋寛他著	178	2300円
(32回)	改訂回路理論(1)	石井順也著	200	2500円
(33回)	改訂回路理論(2)	石井順也著	210	2700円
(34回)	制御工学	森泰親著	234	2800円
(35回)	新版 集積回路工学(1) ―プロセス・デバイス技術編―	永田・柳井共著	270	3200円
(36回)	新版 集積回路工学(2) ―回路技術編―	永田・柳井共著	300	3500円

定価は本体価格+税です。
定価は変更されることがありますのでご了承下さい。

図書目録進呈◆

電子情報通信学会 大学シリーズ

(各巻A5判，欠番は品切または未発行です)

■電子情報通信学会編

配本順				頁	本体
A-1	(40回)	応用代数	伊藤理重正悟夫共著	242	3000円
A-2	(38回)	応用解析	堀内和夫著	340	4100円
A-3	(10回)	応用ベクトル解析	宮崎保光著	234	2900円
A-4	(5回)	数値計算法	戸川隼人著	196	2400円
A-5	(33回)	情報数学	廣瀬健著	254	2900円
A-6	(7回)	応用確率論	砂原善文著	220	2500円
B-1	(57回)	改訂 電磁理論	熊谷信昭著	340	4100円
B-2	(46回)	改訂 電磁気計測	菅野允著	232	2800円
B-3	(56回)	電子計測 (改訂版)	都築泰雄著	214	2600円
C-1	(34回)	回路基礎論	岸源也著	290	3300円
C-2	(6回)	回路の応答	武部幹著	220	2700円
C-3	(11回)	回路の合成	古賀利郎著	220	2700円
C-4	(41回)	基礎アナログ電子回路	平野浩太郎著	236	2900円
C-5	(51回)	アナログ集積電子回路	柳沢健著	224	2700円
C-6	(42回)	パルス回路	内山明彦著	186	2300円
D-2	(26回)	固体電子工学	佐々木昭夫著	238	2900円
D-3	(1回)	電子物性	大坂之雄著	180	2100円
D-4	(23回)	物質の構造	高橋清著	238	2900円
D-5	(58回)	光・電磁物性	多田邦雄 松本俊 共著	232	2800円
D-6	(13回)	電子材料・部品と計測	川端昭著	248	3000円
D-7	(21回)	電子デバイスプロセス	西永頌著	202	2500円

配本順			頁	本体
E-1 (18回)	半導体デバイス	古川静二郎著	248	3000円
E-3 (48回)	センサデバイス	浜川圭弘著	200	2400円
E-4 (60回)	新版 光デバイス	末松安晴著	240	3000円
E-5 (53回)	半導体集積回路	菅野卓雄著	164	2000円
F-1 (50回)	通信工学通論	畔柳功芳/塩谷光 共著	280	3400円
F-2 (20回)	伝送回路	辻井重男著	186	2300円
F-4 (30回)	通信方式	平松啓二著	248	3000円
F-5 (12回)	通信伝送工学	丸林元著	232	2800円
F-7 (8回)	通信網工学	秋山稔著	252	3100円
F-8 (24回)	電磁波工学	安達三郎著	206	2500円
F-9 (37回)	マイクロ波・ミリ波工学	内藤喜之著	218	2700円
F-11 (32回)	応用電波工学	池上文夫著	218	2700円
F-12 (19回)	音響工学	城戸健一著	196	2400円
G-1 (4回)	情報理論	磯道義典著	184	2300円
G-3 (16回)	ディジタル回路	斉藤忠夫著	218	2700円
G-4 (54回)	データ構造とアルゴリズム	斎藤信男/西原清一 共著	232	2800円
H-1 (14回)	プログラミング	有田五次郎著	234	2100円
H-2 (39回)	情報処理と電子計算機 (「情報処理通論」改題新版)	有澤誠著	178	2200円
H-7 (28回)	オペレーティングシステム論	池田克夫著	206	2500円
I-3 (49回)	シミュレーション	中西俊男著	216	2600円
I-4 (22回)	パターン情報処理	長尾真著	200	2400円
J-1 (52回)	電気エネルギー工学	鬼頭幸生著	312	3800円
J-4 (29回)	生体工学	斎藤正男著	244	3000円
J-5 (59回)	新版 画像工学	長谷川伸著	254	3100円

定価は本体価格+税です。
定価は変更されることがありますのでご了承下さい。

図書目録進呈◆

電気・電子系教科書シリーズ

(各巻A5判)

- ■編集委員長　高橋　寛
- ■幹　　事　　湯田幸八
- ■編集委員　　江間　敏・竹下鉄夫・多田泰芳
  　　　　　　　中澤達夫・西山明彦

配本順		書名	著者	頁	本体
1.	(16回)	電 気 基 礎	柴田尚志・皆藤新一・田泰志 共著	252	3000円
2.	(14回)	電 磁 気 学	多田泰芳・柴田尚志 共著	304	3600円
3.	(21回)	電 気 回 路 I	柴田尚志 著	248	3000円
4.	(3回)	電 気 回 路 II	遠藤　勲・鈴木靖・吉澤純雄編著 昌典・降矢典恵・吉村拓和・福田明・高西二郎・西之彦 共著	208	2600円
5.	(29回)	電気・電子計測工学(改訂版) ―新SI対応―	下奥福吉・高西平二郎・西山明彦 共著	222	2800円
6.	(8回)	制 御 工 学	奥青木堀・俊立幸 共著	216	2600円
7.	(18回)	ディジタル制御	青西・俊幸 共著	202	2500円
8.	(25回)	ロ ボ ッ ト 工 学	白水俊次 著	240	3000円
9.	(1回)	電 子 工 学 基 礎	中藤達夫・澤原勝幸 共著	174	2200円
10.	(6回)	半 導 体 工 学	渡辺英夫 著	160	2000円
11.	(15回)	電 気 ・ 電 子 材 料	中澤・押田・森山・藤田服部 共著	208	2500円
12.	(13回)	電 子 回 路	須土・田原・健英 共著	238	2800円
13.	(2回)	ディジタル回路	伊吉・若室・吉山・海賀・弘下・昌進・博純也巌 共著	240	2800円
14.	(11回)	情報リテラシー入門		176	2200円
15.	(19回)	C++プログラミング入門	湯田幸八 著	256	2800円
16.	(22回)	マイクロコンピュータ制御プログラミング入門	柚賀正光千代谷慶 共著	244	3000円
17.	(17回)	計算機システム(改訂版)	春舘日泉雄健治・八博 共著	240	2800円
18.	(10回)	アルゴリズムとデータ構造	湯伊原幸充勉弘邦 共著	252	3000円
19.	(7回)	電 気 機 器 工 学	前新江谷敏 共著	222	2700円
20.	(9回)	パワーエレクトロニクス	江間敏・高橋勲 共著	202	2500円
21.	(28回)	電 力 工 学(改訂版)	江甲斐三吉隆成章機 共著	296	3000円
22.	(5回)	情 報 理 論	吉川英彦 共著	216	2600円
23.	(26回)	通 信 工 学	竹下鉄夫・吉川豊克 共著	198	2500円
24.	(24回)	電 波 工 学	松田部正久 共著	238	2800円
25.	(23回)	情報通信システム(改訂版)	宮岡桑原裕唯孝史 共著	206	2500円
26.	(20回)	高 電 圧 工 学	植松箕月原 共著	216	2800円

定価は本体価格+税です。
定価は変更されることがありますのでご了承下さい。

図書目録進呈◆